建筑入门课

Basics Designing with Plants

植物景观设计

[德] 雷吉娜·艾伦·沃勒（Regine Ellen Wöhrle）
汉斯-约尔格·沃勒（Hans-Jörg Wöhrle） 著
贾绿媛 译

机械工业出版社
CHINA MACHINE PRESS

本书详细介绍了植物景观设计的原则和方法，包括植物的种植组合方式、空间层次、不同植物的形态特征、季相变化等，形成了系统而具体的设计章法。为了方便读者理解，书中还配有大量的简图和照片实例，对抽象的概念和植物设计的空间结构、植物自身的景观特征等进行阐释。本书最后还附有植物种植设计示例和植物名录，方便读者查阅使用。本书是一本实用的植物种植设计类工具书，非常适合建筑学、城乡规划学、风景园林学及其他相关环境设计行业的入门者。

图书在版编目（CIP）数据

植物景观设计 /（德）雷吉娜·艾伦·沃勒（Regine Ellen Woehrle），（德）汉斯-约尔格·沃勒（Hans-Joerg Woehrle）著；贾绿媛译. —北京：机械工业出版社，2024.1
（建筑入门课）
书名原文：Basics Designing with Plants
ISBN 978-7-111-74939-4

Ⅰ. ①植… Ⅱ. ①雷… ②汉… ③贾… Ⅲ. ①园林植物—景观设计 Ⅳ. ①TU986.2

中国国家版本馆CIP数据核字（2024）第024711号

机械工业出版社（北京市百万庄大街22号　邮政编码100037）
策划编辑：何文军　　责任编辑：何文军　张大勇
责任校对：王小童　李　杉　　封面设计：鞠　杨
责任印制：常天培
北京机工印刷厂有限公司印刷
2024年3月第1版第1次印刷
148mm × 210mm · 2.875印张 · 81千字
标准书号：ISBN 978-7-111-74939-4
定价：29.00元

电话服务
客服电话：010-88361066
010-88379833
010-68326294

网络服务
机　工　官　网：www.cmpbook.com
机　工　官　博：weibo.com/cmp1952
金　书　网：www.golden-book.com
机工教育服务网：www.cmpedu.com

Foreword
前言

植物是风景园林设计的基本构成要素之一。无论是作为花园和公园中富有想象力的图案，还是用于营建全园骨架及塑造整体风貌，乔木、灌木、草本植物都在不断给我们带来惊喜。以“年”为单位来观察的话，植物就像是一个不断变化的大师，它会在不同的生长发展阶段呈现出不同的空间结构。诚然，这也不是绝对的，还要取决于生境条件是否对植物有利。在生长过程中，植物可能会茁壮成长，也可能会干枯衰败，呈现出杂乱荒凉的景象。

植物景观设计并不是简单地将植物进行色彩组合，而是需要对特定的土壤和栖息地条件，植物的品种、类型，尤其是它们的开花时间和花色等内容进行全面了解。

在利用植物进行造景时，其目的是营建氛围、形成空间、塑造景观、布置家庭花园、突显花卉形象，要将植物视为“园林艺术”中的重要“基石”。

作为设计师，我们必须能够处理复杂的任务和问题，为各种用户群体制定相应的设计方案。我们为私人客户设计家庭花园，为居住区或有轨电车沿线设计绿化区，种树营造游乐区，塑造城市空间，创建城堡公园、修道院花园等大型公共园林……上述所有内容的规划设计和施工，都应考虑到一些植物种植的原则。

“建筑入门课”系列丛书介绍了风景园林基本原理，提出了可能的设计方法，即使是初学者也能从中获益，有助于他们建立空间感知能力并形成解决问题的方案。

本书分章节介绍相关内容。从生境条件、功能和使用需求，到比例和空间定义、纹理和色彩组成，本书基本阐述了所有的重要内容，并结合插图和图说进行介绍。本书的目的并不是想介绍一系列的通用范式，而是希望读者能够充分了解植物配置的立地条件、用途，尤其是设计后要形成的氛围效果。不过，最终还是需要设计师根据个人的经验和判断来抉择是选择一本正规、专业的建筑辞典，追求植物品种差异不大的极简种植，创建空间结构层次，还是利用植物的色彩及气味等特征展现不同植物的特性。

原书编辑，科妮莉亚·博特（Cornelia Bott）

Contents

目录

Introduction

1 绪论

空间和植物，或者说在花园和景观中利用植物塑造空间，一直是园艺史上的一项重要内容。然而，好的设计并不单单关注人的审美感受，在很多时候，设计的好坏更取决于它能否满足客观环境的需求。植物景观的设计不仅需要一定的能力，还需要相关的专业知识。这意味着，利用感官感知的科学知识进行植物景观设计，能够有效地支撑设计背后的目的，使其具有可识别性。这种知识之所以如此重要，一方面是因为每个开放空间的条件各不相同，没有哪个方案能够完全按照规范性或模式化的植物配置方案来进行设计；另一方面，普遍适用的设计、空间营建、秩序、对比、平衡和重复等基本原则可以适用于任何环境，在植物设计中也能展现出很好的效果。

植物作为塑造开放空间的一种具有生命力的材料，与当今城市发展过程中越来越多的工业材料形成了鲜明的对比。植物具有生命的特质使得乔木、灌木和草本植物为灰空间（人类活动空间和自然空间之间的区域）的开放规划提供了多种的可能性。植物景观的设计有着多种多样的应用场景，从私人住宅的庭院花园到大型的园林绿地，再到结构复杂的城镇绿地空间，包括公共空间、步行区、公园、城镇道路两侧的绿地、游乐空间、公墓和（城镇居民可以租来种菜的）小块土地。

“建筑入门课”系列丛书《植物景观设计》将培养人们在开放空间中进行植物设计的能力。将植物融入整体规划有助于将建筑和城市风貌相统一，提升规划设计品质。

Basic design principles

2 基本设计原则

本章概述了在规划设计和做决定之前，必须意识到或加以考虑的关键因素。

2.1 考虑植物的原生生境

在旷野中漫游，我们会观察到不同的景观风貌。在高寒地区，喜肥沃土壤的温带水果难以生长，取而代之的是耐土壤贫瘠的落叶林和针叶林。原产于温带气候区的植物可能对霜冻十分敏感，在冬季，如果不采取额外的保护措施，植物很容易受到损伤。在肥沃的土壤中能够正常生长的植物，在贫瘠的土壤上会变得发育不良。在植物种植设计时，了解植物原生生境及其视觉效果至关重要（详见“4.1 植物：外观”）。此外，还有许多影响植物生长的因素（图2-1、图2-2）：

- 气候条件
- 土壤环境
- pH值
- 立地条件
- 光照
- 水分
- 营养物质
- 竞争关系

气候条件

每块场地都会受到地区气候环境和海拔高度的影响。这些预先存在的自然条件是无法改变或规避的，它们决定了每种植被的分布范围。不过，植物种植处的局部微气候环境是可以干预的。围墙和建筑

○ **注释：**生态学是研究有机体之间的相互关系和相互作用，以及它们对其周边生活环境的适应关系的科学。植物生态学研究的是植物个体在环境影响下的行为，以及环境因素对植物种群和群落的影响。

图2-1　气候条件决定了植物的分布范围

图2-2　光照是一个环境因素，土壤环境是一个区位因素

围合而成的角落（例如内部庭院）可营造出防风、保温的微气候环境。在此基础上，如果再增加土壤、水分等利于植物生长的环境因素，能够生长的植物种类就会变得更多。以下是对植物生长较为关键的气候参数：

— 温度：冬季寒冷，夏季温暖
— 湿度：夏季降水，冬季降水

其中，最重要的一个影响因素是冬季的寒冷程度，因为植物能否存活取决于冬季的最低温度。植物的抗寒性即是指植物能够生存且不受损伤的最低气温。在温暖炎热的夏季，决定性因素不是温度的极端值，而是夏季的平均温度。植物在一定的积温下才能进行叶片、花朵和果实的生长和繁殖。气候越温和，能够应用的植物种类就越多。

土壤环境、立地条件、pH值

土壤在植物生长过程中起到重要的支撑作用。土壤为植物根系提供固定场所，容纳植物生长所需的水分，提供维系生命的营养物质。土壤结构、水分和养分含量对植物的生长都至关重要。针对设计场地进行植物选择时，必须考虑到场地现有的土壤类型（黏土、壤土、沙土、淤泥）及其pH值（酸碱度）。不同植物所需的pH值环境不同。土壤养分含量也会随土壤pH值的变化而变化，酸性土壤养分匮乏，而碱性土壤的养分相对丰富。○

微气候环境会随场地坡度和坡向的变化而呈现出一定的差异。阳坡（即坡向朝南的坡）较为温暖干燥，阴坡（即坡向朝北的坡）凉爽潮湿。在丘陵山谷间穿行，可以看到生长在阳坡和阴坡上的花卉种类有所差异，而且花卉的颜色也有所不同。

光照

场地的光照条件也影响着植物能否健康生长。根据场地受到光照的强弱，可将场地分为“阳光充足”“阳光直射”“不受阳光直射”“部分遮阴”和“完全遮阴”5类。有一些植物只能在光照或遮阴其中一种环境中生长，而有一些植物在光照和遮阴的环境中都可以生长，比如雪莓。

在植物生长过程中，植株的大小和植物间的生长间距会发生变化，因此，同一场地的光照强度会随着时间的推移而发生变化，尤其是树木下方的植物所能接受的光照（详见“4.2　随时间动态变化的特征”）。光照不仅会影响单一植物的选择，还会影响一个花园的整体

○ **注释：** 土壤的成分是会改变的。不过，适宜的土壤环境需要长期维护，否则便会向着场地原有的土壤环境发展。

种植特征。尤其是“阳光充足”和“完全遮阴”的场地。完全遮阴的场地主要种植叶片观赏性强（形状、色彩和纹理）的乔灌木和草本植物，因为过于遮阴的地方不适合开花植物生长。

水分

水是植物生长发育过程中最重要的物质资源，也是维系其光合作用的原料。因此，在自然条件下，降水量尤为重要。尤其是夏季降水，能够保护植物在生长季免受高温和高日照强度的影响，避免植物干枯致死。在冬季，大多数植物会因叶片脱落而处于休眠状态，对水分的需求量较低。冬季降水（下雪）对于对霜冻敏感的物种来说较为重要，因为积雪的覆盖可以保护地表及地表下方部分土壤中的植被根系免受霜冻的影响。如果没有积雪覆盖，霜冻会对常绿植物造成损害。植物体内的水分通过叶片蒸发后，植物会因无法从冻结的土壤中获取水分而脱水（霜冻干燥）。

土壤的天然含水量受大气降水、当地地下水位、土壤结构和渗透性以及土地坡度等因素影响。植物能够利用的水量取决于植被剖面的结构及其物种的特性。然而，不同植物对水分的要求存在较大差异。有些植物喜欢干燥的环境，而有些植物则需生长在水中。例如，在自然环境中，松树、金雀花与灌草丛等旱生植物生长在光照充足、具有透水性的沙质土壤中，这使得它们的植物叶片进化出了能够适应这样干旱环境的特征，叶片坚硬、呈细长的针状。○

竞争关系

在自然界中，许多植物都有着相近或相似的环境需求。在这种情况下，植物之间争夺环境资源的行为会使得处于弱势条件的物种难以在这片场地中继续生长。例如，上层高大的乔木过于遮阴，使得下方低矮植被难以接收到充足的光照。因此，在进行相关的植物种植设计时，应考虑到植物随时间动态变化的因素。花园刚种植完时，看起来是光秃秃的，但随着时间的推移，植物会生长得越来越茂盛。尤其是

○ **注释**：设置喷灌系统能够改善植物的生境条件，但这也会增加场地的维护成本。不过，也可以通过精细化的排水管理降低用水成本。

上层的高大乔木会形成越来越多的遮阴环境，引发植物间对光照、水分和养分的争夺。因此，必须了解不同植物的生长特性，包括它们的根系情况、生长模式和植株体量。

2.2　使用人群和功能需求

植物的生境条件决定了在特定的场地中可以应用哪些植物。植物的选择取决于所要实现的实际功能，以及它们的美学和创造性特征。在最初的规划阶段，应确定客户的需求，与客户沟通未来必要的维护管理等内容。例如，在设计私人花园时，设计师应考虑委托人的个人意愿和空间规划设想，最大限度地呈现出场地的特色与功能。如果设计是针对某一特定用户群体的，例如，医院的开放空间设计、老年人社区综合体的花园设计、公园或游乐空间或墓地的设计，则应事先充分确定相关群体的使用需求，与客户达成一致。

在游乐空间规划中，选择乔灌木时要考虑其应具有一定的耐受力。孩子们喜欢在人工种植的灌丛中跑来跑去，往往还喜欢摘一些树叶、枝条、花朵和果实。因此，游乐空间一定不能种植有毒害的植物（表2-1）。另一方面，在规划方案中还应考虑乔灌木在夏季的投影（图2-3、图2-4）。乔灌木掉落的枝干还会成为孩子们的“道具”。年龄较大的孩子喜欢爬上大大小小的树。年轻人需要一定的休息空间，不过，他们同样需要娱乐和展现自己的空间。老年人社区综合体的规划设计则有着完全不同的要求。在这类设计中，应重点关注植物带来的体验感，允许社区居民与其近距离接触。应以多样且具有吸引力的方式对植物的色彩、形状和质感加以利用。道路应与阴生植物和休息座椅相结合，这样可以让人们以休闲的方式观赏植物。虽然座椅应放置在显眼处，但可以种植藤本和草本植物对其进行适当装饰。

在空间规划中，最重要的是要考虑到更大范围的空间关系（视线）、既有的及规划后的路网体系、原有的地形条件，并与参与规划进程的全体人员达成意见一致。大型项目的实施可能会分阶段进行，植被和其他元素（如景观廊架、人工水景、座椅和照明灯饰）会在后期施工阶段进行深化设计。

表2-1　有毒植物种类

毒性程度	植物种类	对应的拉丁名	植株的有毒部分
剧毒	所有的乌头属植物	*Aconitum*	全株
	所有的瑞香属植物	*Daphne*	全株
	所有的红豆杉属植物	*Taxus*	除假果之外的全株
有毒	所有的黄杨属植物	*Buxus*	全株
	欧铃兰	*Convallaria majalis*	全株
	所有的番红花属植物	*Crocus*	球茎
	所有的金雀儿属植物	*Cytisus*	荚果
	所有的毛地黄属植物	*Digitalis*	全株
	所有的大戟属植物	*Euphorbia*	全株，尤其是汁液
	所有的卫矛属植物	*Euonymus*	种子、树叶、树皮
	洋常春藤	*Hedera helix*	全株
	所有的刺柏属植物	*Juniperus*	全株，尤其是枝干尖端
	所有的毒豆属植物	*Laburnum*	全株，尤其是花朵、嫩枝和根
	所有的羽扇豆属植物	*Lupinus*	种子
	山枸杞	*Lycium halimifolium*	全株
	所有的杜鹃花属植物	*Rhododendron*	全株
	刺槐	*Robinia pseudoacacia*	树皮
	欧白英	*Solanum dulcamara*	尤其是浆果
微毒	所有的七叶树属植物	*Aesculus*	未成熟的果实和果壳
	欧洲山毛榉	*Fagus sylvatica*	坚果
	所有的冬青属植物	*Ilex*	浆果
	所有的女贞属植物	*Ligustrum*	果实
	所有的忍冬属植物	*Lonicera*	果实
	所有的接骨木属植物	*Sambucus*	除了成熟果实以外的部分
	北欧花楸	*Sorbus aucuparia*	果实
	所有的毛核木属植物	*Symphoricarpos*	果实
	所有的荚蒾属植物	*Viburnum*	果实

注：植物的微毒部分也会引起严重的不适。

图2-3　利用柳树围合出的游乐空间

图2-4　游乐空间的植物能够为儿童营建景观

例如，墓园设计会分阶段进行。根据使用密度差异，墓园通常有大面积未充分利用的土地。在施工的第一阶段，只需考虑通行道路和水系管网。不过，在这一阶段，还应确定整个场地的空间骨架（树群和边界种植范围），这样一来，场地竣工后几乎不会看到个别路段的施工迹象。这意味着全园总基调将呈现出相同的发展阶段，给人们留下整体布局统一的印象。这种处理方式同样适用于其他布局（住宅区、休闲公园和体育设施），它的广泛应用，有助于营建出整体和谐的景观效果（详见“4.2　随时间动态变化的特征”）。

2.3　位置关系

任何场地的设计都是依据其特定的环境条件来进行的。一方面，环境也是场地的一部分，另一方面，社群和社会文化条件也起着重要作用。深入了解场地及其周围环境、历史、使用者的类型与需求，有助于制定相应的设计方案。此外，在分析过程中，还应确定场地各元素之间的整体性、系统性和相关性，这构成了场地的基本结构，是设计的基础。一个设计既可以与这个结构相结合，也可以以其他的方式诠释场地。其他方式可以是与上述结构完全相反，也可以是与其完全不相干的一种新的设计方法。

关注场地现状，有助于了解影响现有场地情况的特殊要素，并将其纳入到设计的过程之中。

○

风景园林与城市规划设计的问题

地形设计是开放空间景观设计的重要基础。通常情况下，地形会对空间设计和室内外空间的关系产生影响，无论场地的地形是平坦的、倾斜的、阶梯状的、起伏的还是其他形态的。如果场地有很好的观赏视野，还应考虑设计场地与观赏景观以及景观本身的序列组合关系。在对有人类活动的场所进行景观设计时，文化因素与自然因素同等重要。建筑物、街道和树木都是开放空间规划的参照物（图2-5）。

○

历史问题

对场地现状的关注不应局限于场地的问题，还应关注场地的历史文化等内容。设计手法应该能够回应场地的历史，并塑造场地的未来。这种塑造和改造现状的方式算是一种人为的干预，会对场地环境产生一定的影响。不过，应该牢记的是，这种干预方式及其所带来的变化与景观设计本身同等重要。这意味着，在一项具有重大社会意义的建设任务（如公园或纪念性空间）的规划设计中，应适当结合场地或空间的历史信息（图2-8）。

○ **注释1**：如需了解更多前后文内容，可参见Basics Design Ideas by Bert Bielefeld and Sebastian El khouli, Birkhäuser Verlag, Basel 2007.

○ **注释2**：在对建筑和开放空间进行改造设计时，建筑师、城市规划师和景观设计师应保持密切合作，共同制定出一份契合各方需求的设计方案（图2-6、图2-7）。

图2-5 种植果园形成的景观

图2-6 城镇建筑的轮廓勾勒出城市的空间

图2-7 城市基础设施与植被之间的相互关系

图2-8 历史文化在现代景观设计中的表达

2.4 功能

植物有多种特征，因此，植物对环境和人亦有着多种多样的影响与作用。对于我们人类来说，植物最重要的作用是发挥其经济与科研功能。此外，植物的外观（如形态、颜色等）也尤为重要，因为植物的外观（外形特征、叶、花和果实）对人们来说有着很高的观赏价值与体验价值，有助于体验者获得精神或心灵上的慰藉。植物在生态和气候等方面也发挥着重要作用。植物的美学功能、生态功能以及实用功能不是相互对立的，而是相辅相成、共同存在的（图2-9）。

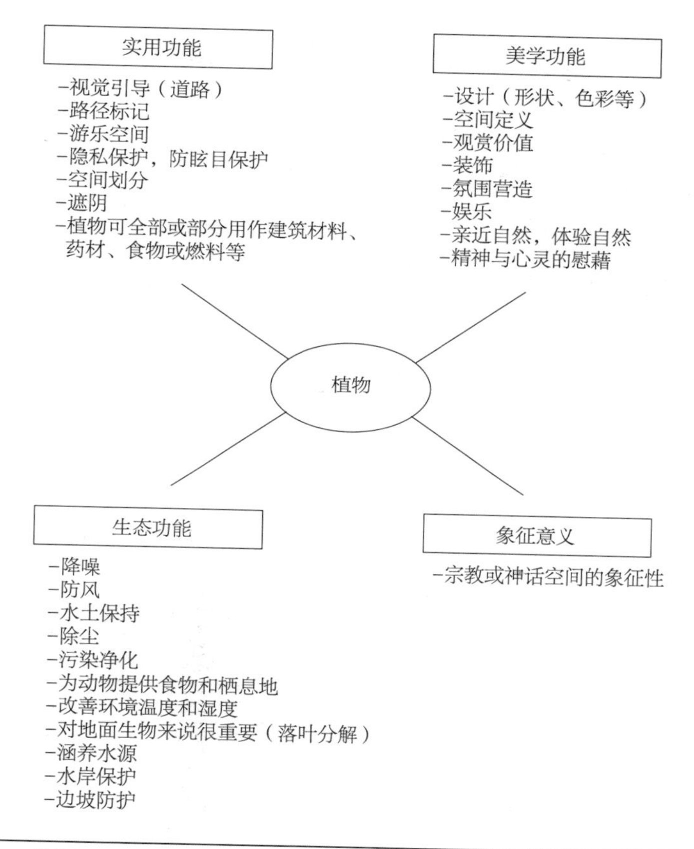

图2-9　植物的功能价值

空间营建

开放空间在很大程度上是由植物构成的。准确地说，植物创建了空间的层次，并划分出不同的高度（从乔木到球根花卉）。成片的植物种植或单株乔木也能够在不同的功能空间之间建立联系。空间的大小和形式可以由簇拥成团或相连成串的植物来构建（详见“3　空间结构”）。

路径标记

植物作为道路标志、地标和特殊符号，具有信号指示的功能（如标记坡面边缘）（图2-10）。对于园路和城市道路来说，绿篱、较

图2-10　一组与十字架组合的树，具有路径标记功能

为孤立的木本植物群落或大型孤植乔木，都能起到适当的视觉引导作用。

防护功能

植物能够通过各种方式有效地保护人们免受气候或环境的不利影响（如噪声或大风）。夏季，宽大的树冠可以为人们遮阴，保护人们免受强光和高温的影响。冬季，植物光秃秃的枝干能够透过阳光，让人们的视野更加通透。枝叶繁茂的绿篱可以在有需要时最大限度地阻挡大风、噪声或灰尘。在有一定地形坡度的场地上，植物的根系有助于保持水土，防止水土流失。

通常情况下，植物能同时发挥多种不同的功能。例如，修剪过的绿篱或自然状态下生长的木本植物能够围合出停车场的停车空间，在这个过程中，植物发挥了围合空间和防护空间的双重功能。乔木宽大的树冠为停车场提供了天然的“遮阳伞”，避免车辆在夏季遭到强光直射。

氛围营造和娱乐

大多数人只有在着手规划自己的花园时才会对花园设计产生兴趣。花园的设计应在各个方面保持平衡，才能实现其预期效果。当人们注视花园的时候，它便有了一种特殊的魔力，给人带来某种心理上的慰藉，使人产生一种平和的、放松的、安全的或与世隔绝的感觉。人们能够在观赏植物的时候体验到快乐，在充满平和与惊喜的环境中

图2-11　乔木组团后退营造出的空间和氛围

图2-12　广阔的草地为游戏和体育活动提供了空间

感受到幸福。在形式上，花园和公园是人们心中理想世界的缩影，它们唤醒了我们对理想环境的渴望，让我们不断努力去创造出心中的理想环境。同时，花园和公园也能够反映出它们所处的时代背景，包括当时的社会环境、设计手法、经济水平、生态条件等内容（图2-11、图2-12）。相同或相似的城市空间和广场可以因植物种植优先级的不同，呈现出完全不同的氛围。例如，城市具有异质性和共时性，城市景观的设计需要多样，以回应不同场地的需求、展现环境品质和园林意境。植物的外观在其中起到了重要作用，可能会赋予广场、花园或公园不同的特性（图2-13、表2-2）。例如，自然生长的木本植物能够营建自然的、如诗如画的景观，而修剪整齐的木本植物则显得更加规则、庄重。植物不同的颜色、质地和形态会呈现出多样的整体形象，可营造不同的场景氛围（详见“4.1　植物：外观”）。在选择植物时，地形、土壤质地、气候和预计所需的管理养护标准等条件都会起到决定性作用。同时，我们还应意识到，花园无论大小都需要进行一定的管理养护，这样才能够使花园在多年之后仍有较好的风貌，而不是被杂乱生长的植物所掩盖。无论是什么风格的设计，多年后，花园都会带有“园丁”的某种气质。这也是花园应有的模样，如此，花园才是独一无二的。

方向和指引

规划路线往往具有一个可见的、能够直接到达的目的地。路径是

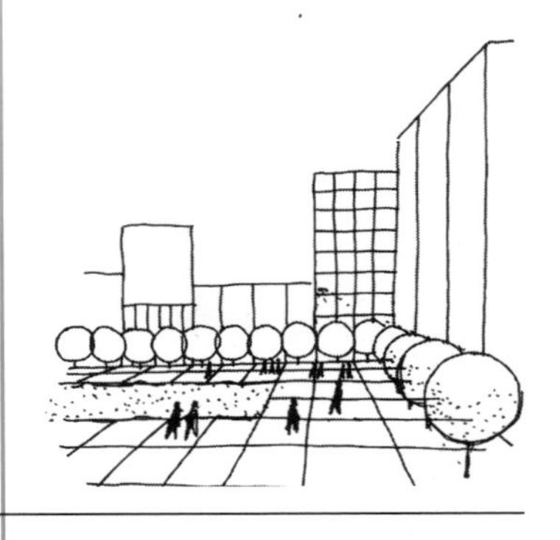

图2-13　植物的外观决定了空间的特质

表2-2　植物特性

外观特征	亮	暗
表达特性	壮观的	朴素的
	安静的	喧哗的
	茂盛的	贫瘠的
	紧凑的	稀松的
	广布的	集中的
	规则的	风景式的
	多样的	单一的
	自然的	人工的
	扁平的	复杂的
	强壮的	脆弱的
	宏大的	精致的

最自然的引导方式，也是引导人类活动最自然的一种形式。道路两侧的空间设计得越自然、越精致，路径就会越有趣。我们希望激发场地使用者抵达目的地的“本能冲动”。不过，这个目的地也不能出现得太直白，这样才能在一定程度上给人们带来寻找与渴望到达目的地的期待。植物、座椅和景观节点都可以是指示信号，可以用作道路标志、地标或特殊符号（例如草地的边界）。对于园路和城市道路来说，绿篱、较为孤立的木本植物群落或大型孤植乔木，都能够给人适当的视觉引导（图2-14）。尤其是一排排的树木，能够从很远的地方

图2-14　规整的绿篱构建出空间的方向性与引导性

图2-15　地形强化了树木的路径标记功能

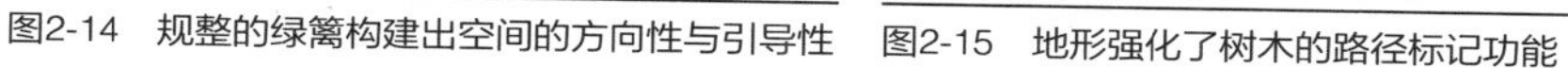

被看到，进而提供方向指引（详见“3.4　组合”）。

在设计弯弯曲曲的引导路线时，应注意不要让园路本身成为终点。每条园路曲线都应该是地形或风景元素（造型雕塑、植物、美丽的风景）塑造的结果（图2-15）。

Spatial structures

3 空间结构

对开放空间进行规划设计，就如同做建筑设计一样，重点在于空间的营建。人们需要并且在不断寻找着一些能够辅助定位或是能够形成庇护的空间。划定空间边界在空间设计中尤为重要，因为开放空间包含了成千上万、各式各样的可能性，像地形地貌、植物以及建筑设施等元素总是在空间创造中发挥作用。任何一处细微的迹象都能够唤起人们对于该场所的空间感，比如一条沟渠、一片灌木丛、一株枝干倾斜或低垂的植物。在设计一个新的场景或对周围空间进行更新设计时，研究其所处环境的历史背景有助于找到具有指示性的内容和方向。一个空间可能会有一个规整的平面，不过这并不是最重要的。一个空间越是独立于其周边环境、地域条件和功能，其形式选择就越自由。在生成空间结构时，往往会出现一些对立条件，比如宽窄、远近等。对空间结构的把控，常常建立在对场地延展性、识别度、私密性和开放性等内容的感知的基础之上。

3.1 空间界定

景观中的空间会被垂直要素的轮廓所限定，这意味着空间会被水平划分。柱状物能够形成空间边界（图3-1）。在城市中，植物和建筑物定义了空间。当一排树木的两端分别连接着两座建筑时，树木和建筑物这两个元素便形成了一条边界线。4条这样的边界线围合成矩形时，就形成了一个较为封闭的植物围合空间。如果一些建筑位于植物围合形成的空间当中，赋予其中的空间以功能，就会形成一个广场，而且是一个可能具有多种公共属性的广场，比如，它可以是一个议会前广场，也可以是一个集市广场。此外，一块平整土地上的凹坑也可以形成一个空间，一处坡地上的梯田也可以形成一个空间。在开放空间中，光靠边界和平面元素就能够围合形成空间了（图3-2）。在需要识别空间形式的地方强调轮廓线是非常有必要的（图3-3）。 如果要使空间的形式表达得更清晰，轮廓线的边角要更加明显（图3-4）。如果想让人们长时间停留在某一空间，那就应该对其进行相应的设计

图3-1　柱状的树围出了一个空间

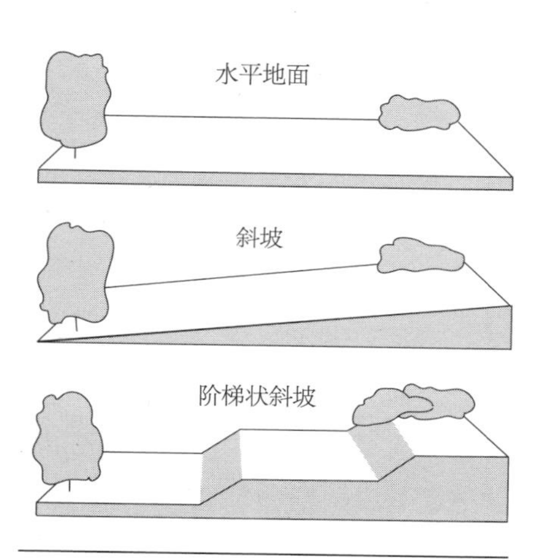

图3-2　从平面到空间的过渡

图3-3　利用弯曲的绿篱强调空间的轮廓

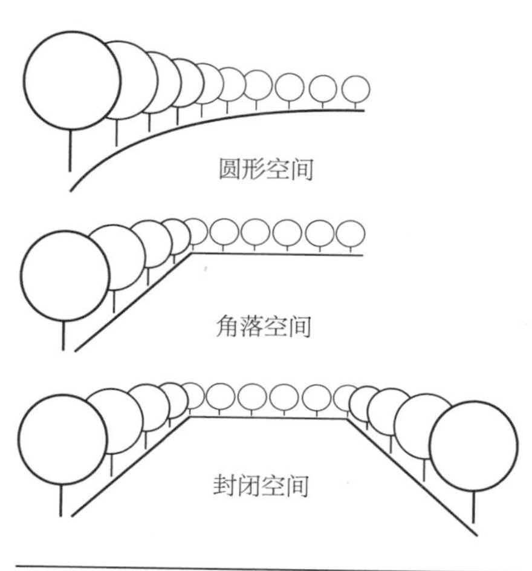

图3-4　用成排的树定义空间

或在其中布设一定的设施。即便是一棵树或是一个爬满藤本植物的藤架，也会随着人们对空间的使用而变得越来越具有亭、廊的特征。一个开放场地中的空间很容易被看到，因为它们通常有着较为开阔的视野。只需要一些植物或是藤架这样的简单元素，就可以勾勒出空间的轮廓，划分空间，并形成空间边界。细节设计有助于营造个性化氛围

图3-5　建筑和植物的不同组合方式可以使一个空间变得更加开放或更加封闭

（详见“2.4　功能”）。群植或孤植的木本植物能够在某一功能空间内形成分隔或连续的元素。同样地，一个封闭空间也可以通过打破这些边界元素而变得开放（图3-5）。在城市道路、街巷、园路等环境中，群植或孤植的木本植物能够定义空间，起到视觉引导的效果。

3.2 空间组织

植物设计就是对植物进行组织。通过空间和地面建筑的形式去呈现设计，有助于体现设计师的设计意图，展现开放空间的功能。然而，设计中创建秩序的目标不是实现整齐划一，完全同质化的元素无法完成有意义或有效的组织。相反，大量的植物需要一个有识别度的秩序。最重要的是，植物设计需要一个良好的组织关系，比如，在进行植物设计时，应避免不同植物之间发生相互干扰或功能抵消等不良现象，应该通过组织加强植物自身的效果。这需要根据植物的生活习性、形态和颜色等特征，对植物进行相应的搭配（详见“4.3 设计原则”和“4.1 植物：外观”）。空间的竖向组织是植物种植设计中的一个重要任务，高大的乔木和低矮的植被搭配，能够形成趣味的视觉效

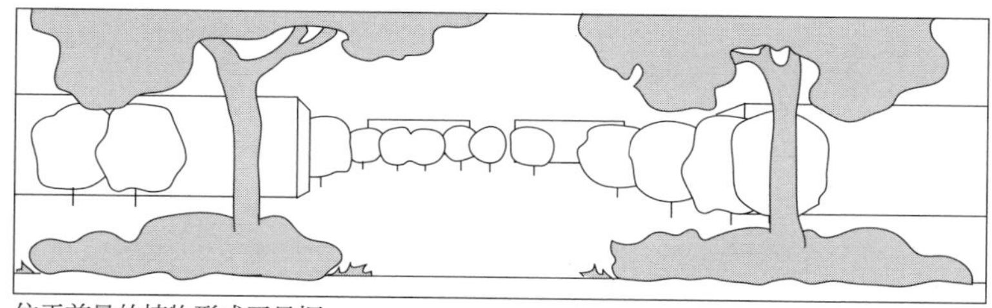

位于前景的植物形成了景框

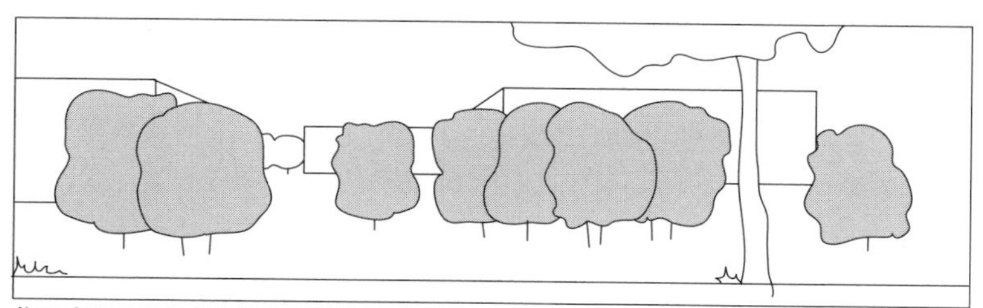

位于中景的植物加深了空间的深度和关联性

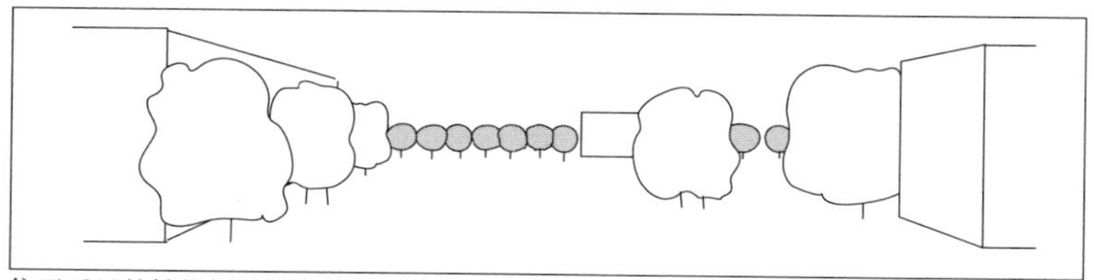

位于后景的植物标示了空间的尽头

图3-6 通过对植物进行前中后景的排布进行空间组织

图3-7　结合微地形和植物进行空间划分

图3-8　不同高度和不同特征的植物组织了这一空间

果。不过，一定要注意的是，考虑到不同植物对光照的需求以及生长高度的不同，要确保搭配在一起的植物能够长期共存，尽可能地避免植物之间产生竞争关系。

前景，中景，后景

在视线较好的开放空间中，空间组织可以体现在设计师利用植物形成了前景、中景、后景，并在此过程中考虑到了植物的大小、色彩随空间距离变化而产生的效果。位于前景的植物和位于后景的植物有着不同的效果。前景中的植物奠定了整体的基调，作为图景中的暗角，是中心风景的景框，让眺望者能够安静地凝望风景。位于中景的植物为整体效果提供均衡感，并且加深了空间的深度。位于后景的植物起到了限定空间边界的作用。此外，位于后景的植物还起到为花园营造统一背景的作用，用于衬托多样的、纷繁美丽的前景元素，比如花坛或草本植物种植园的后方，就需要一个较为平和的元素作为背景。位于后景的植物通常具有以下两点功能：①作为背景；②与周围或临近的景物具有统一感，营造视觉连续性（图3-6）。

空间内的一系列区域（开放空间序列）中，每个区域都有特定的功能和设计（如主题花园），这也是空间组织的一种表现形式（图3-7）。有一点需要注意的是，与建筑空间不同，开放空间中植物形成的空间关系会随着植物的生长而变化。如果要维持特定的空间关系不变，最好的方式是对植物进行定期修剪，这在规则式花园中是必不可少的（图3-8）。

3.3 边界

一个空间可以用多种不同的方法来划分边界。建筑物、围墙、栏杆、绿篱或地形都能够形成较为明确的物理边界。将植物、灌丛、爬有藤本植物的设施、石块、幕墙、小山丘等元素组合在一起，可以形成复合的物理边界。如果空间的边界是由植物界定的，那就应该考虑前面提到的植物特征：它们会生长，会随着时间的变化而变化。这意味着，在植物栽植的20～30年后，由于疏于管理维护和植物修剪，一个原本开敞的花园可能会变成一个密闭的空间。因此，在规划设计阶段，在选择植物品种并进行种植搭配时，应对所涉及的植物品种能够生长到的最大高度，以及一段时间后，其在相应环境条件下（如植物孤植、丛植或是群植）能够出现的景观效果进行充分评估。每年对木本植物进行疏伐，可以防止上层木本植物过度生长，预防因上层植物过密导致地表无低矮地被生长，进而地表光秃裸露的状况出现。边界的高度和围合空间的大小，决定了身处空间中能够看到的天空面积的多少，进而给人以空间开阔或狭窄的感受。2米高的绿篱，随着它与观察者之间的距离增大，其对空间的影响亦逐渐弱化，因此，如果围合空间的面积有所增加，边界高度也要相应增高。具有塑造空间结构功能的地面元素（如沟渠、山脊和梯田）能够更清晰地呈现这一关系。可适度设置高度在观察者视线（约1.7m）上下的空间边界（图3-9）。像绿篱、花箱、台阶和路缘石这样的低矮边界物，如果它们的高度与视线高度重合，则也有助于塑造开放空间中的框架。它们能够围合出花园的边界或划分不同的功能空间。同时，它们还与周边环境发生关联。由此，这些结构性元素在视觉上扩大了花园空间。另一方面，修剪过的绿篱或自然生长的植物会形成框架，并清晰地划分空间。根据花园所需的肌理、质感和可见程度，可选择包含藤本植物在内的多种能够限定空间的植物素材。可选择的素材包含纤细的、通透性较高的藤本攀缘藤架、经过修剪的绿篱以及植物组成的植物墙（图3-10、图3-11）。垂枝乔木、繁茂的草本地被和横向生长的木本植物会遮挡视线，高大的乔木、分枝点较高的灌木能够提供较为通透的视野。冬季，大部分乔灌木落叶后，会呈现出全新的空间效果。在对植物明暗、色彩、质地进行选择时，应综合考虑植物所处环境的整体

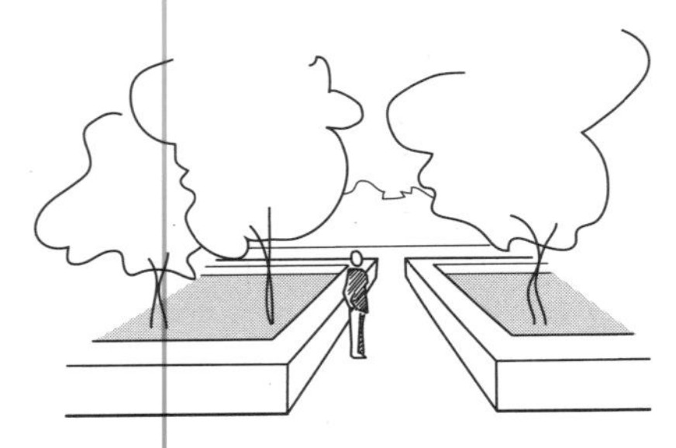

图3-9 绿篱作为空间边界，其高度可以高于或低于人的视线高度

图3-10 修剪成型的绿篱勾勒出了空间的轮廓线

图3-11 藤本攀缘藤架：构建空间边界

特征（如游乐空间、雄伟的建筑、墓园等）。（详见“4.1 植物：外观”）。

3.4 组合

我们依据植物的相似性对其进行编组时，会在这些原本孤立的视觉元素之间建立起一定的联系。例如，一组植物组合形成了一个空间场景，这些植物可以有多种排列组合方式，它们可以规则地排成阵列，也可以不规则地组合成自然式林地。

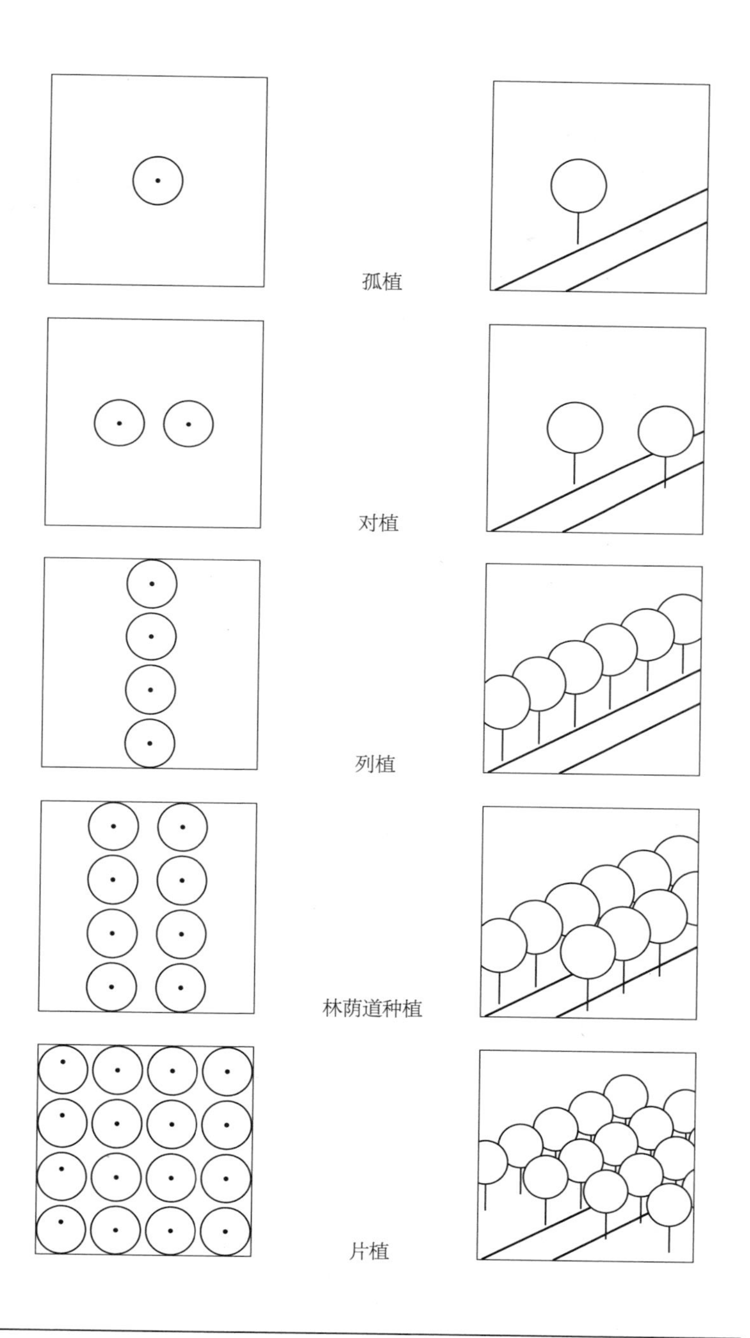

图3-12　规则式的植物组合方式

图3-13　孤植

图3-14　对植

规则式的植物组合

以规则、整齐的形式组合植物，能够在城市的开放空间中形成一种强有力的气势。如果十几棵树以相同的模式种植，我们会称之为“网格种植”，而不是“一组树”。这是一种简单且有力的设计表达（图3-12）。

孤植

高大成熟的孤植树在景观中有着极具震撼力的效果。在一定范围内，孤植树可以被视为一种地标。在花园设计中，孤植树要么与整体规划相融合，种植在重要位置上，如路径或视线的末端，形成视觉中心或是花园中的重要标志物；要么是为了营造对比而有意跳脱于框架之外（图3-13）。

对植

对植树也是景观、花园和城市空间中的设计元素（图3-14）。在花园的入口、座位、花园建筑附近，或一个花园与另一个花园之间的过渡区等空间，通常以对植乔木的方式达到烘托和强调的效果。在城市或建筑环境中，对植树往往能够突显入口的恢宏气势。

列植

在许多欧洲文化景观中，树木是景观中最重要的结构元素之一。成排的树木也是园艺中反复出现的设计元素。它们定义了空间，并强化了空间的节奏感（图3-15）。在城市中，河流、街道和广场的边缘常常种植着一排排的树木。相较于建筑外立面，列植树通常更能赋予空间一定的形态。因此，连贯的绿色空间规划有助于塑造统一和谐的整体城市风貌。列植树能够满足许多设计方面的需求：

图3-15　列植

— 指示方向
— 限制视野
— 塑造间隔和线性空间
— 协调街道立面

林荫道种植

如果建筑物外观不一致，或街道的整体效果是不稳定，不规则的，树木可以作为视觉调节元素平衡画面。反之，树木也能使单调的街道充满活力（图3-16）。

多排的列植树形成了林荫道。林荫道是最令人瞩目的植物设计元素之一。德语中林荫道一词“Allee”，来自于法语单词“aller”（意为“去”），指的是两边种有树木的小路（图3-17）。在城镇里，人们可以在树下漫步或玩耍。街道两旁的行道树或是中央分隔带的种植，可以使街道的步行空间位于林荫树下。一些著名的林荫大道，如德国柏林的菩提树大街（Unter den Linden in central Berlin）已经闻名于世。这样的林荫道使城市和城市街道更有温度，并且更具艺术气息。林荫道的历史可追溯至文艺复兴时期，于18世纪达到高潮。在专制主义时代，长达数公里的笔直街巷，体现出人类对风景的主宰力。其中一个代表性实例就是以杨树为林荫树的拿破仑大街（the Route

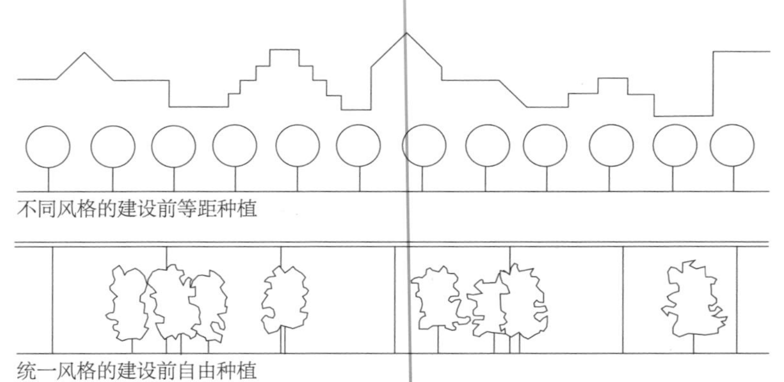

图3-16　城镇景观中的植物组合形式和韵律

图3-17　一条林荫道

Napoleon）。君主和地区统治者在通往他们的城堡、乡间别墅和狩猎场的道路两边都种植了林荫树。林荫树之间的距离建议在5～15m，具体取决于树木的类型，离得越近，空间界定的效果就越明显。

树阵

树阵是由相同树龄和种类的树所组成的集合。它们在各个方向上均以固定的间隔排列，通常在平面上排布成矩形。选用七叶树、槭树等落叶阔叶树种，有助于强化这种规则阵列的景观效果。树冠被修剪成立方体形态的椴树排成阵列，会呈现出“建筑”“建构”的特征。在城市空间中，这种矩形阵列的树可以视作建筑的一部分。多组树阵

图3-18　树阵广场

沿同一方向阵列，会形成轴线的效果（林荫大道）。如果周围生长的都是相对自由的木本植物（景观公园），那么这片较为规则的树阵往往伴随着焦点性建筑空间（中心建筑和规整的广场）。

树阵广场

当超过10棵的树木以相同的排列方式种植，则不再称之为“一组树”，而是将其称为“网格种植”。然而，城市中如此排列的树阵不仅可以作为塑造空间的元素，还有着其他重要的功能，例如：

- 形成一个集会的广场
- 形成一个遮阴的广场
- 形成一个宣传活动的广场
- 形成一个改善局部小气候环境的广场

树阵广场很受游客喜爱，因为他们可以在晒太阳和遮阴之间自由选择（图3-18）。特别是在夏季的下午和傍晚时分，阴凉处会特别受人们的欢迎。广场可以通过设置喷泉、景墙，种植各色的花卉、绿篱、灌木等方式改善布局形式。

风景林

使用树木的城市设计具有双重美学功能。一方面，植物有助于美化城市，推动城市面貌的改善；另一方面，利用植物进行城市设计有助于将自然引入城市，而非自然在城市中“残余”。植物最重要的功能在于强调其与人工建造物（如建筑）的区别。几个世纪以来，城镇

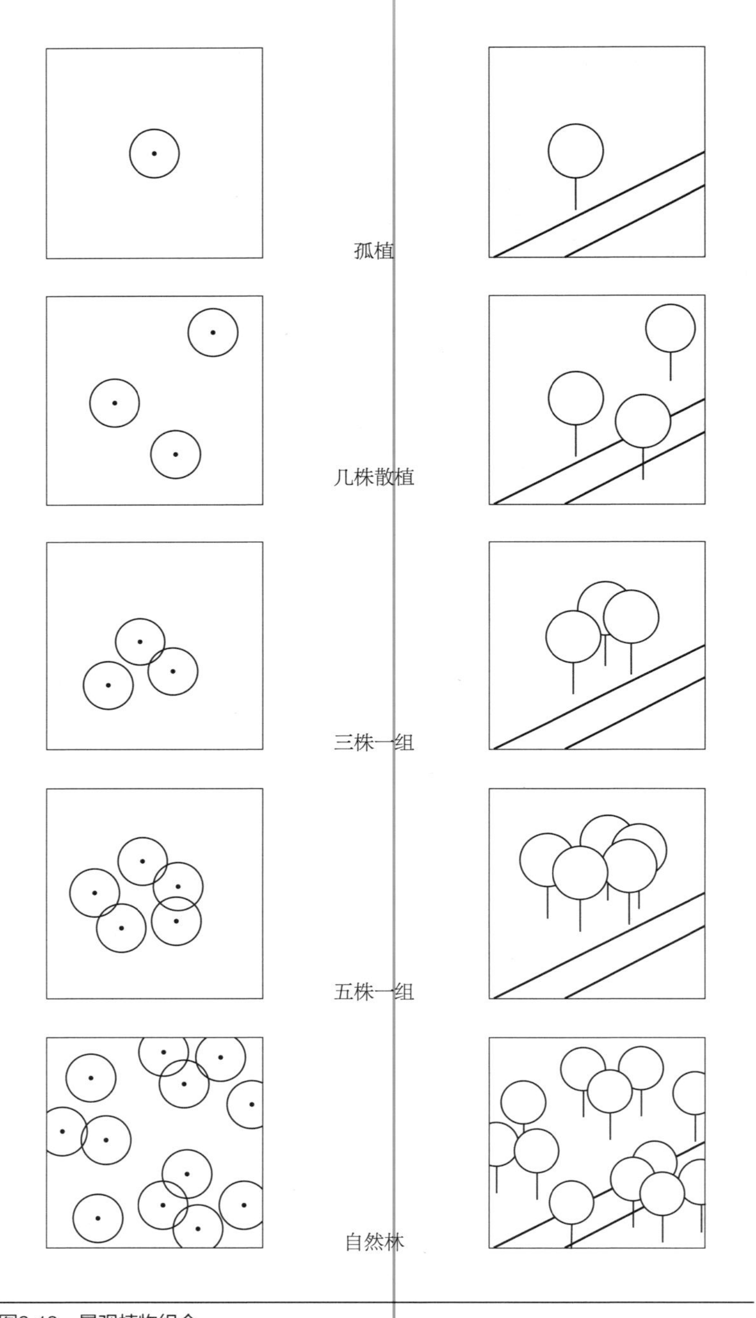

图3-19　景观植物组合

图3-20 片植

都是按照几何学模式进行建造的，包括网格和整齐划一的布局样式。在这种刚性的结构框架内，景观植物组合代表了与理性城市发展准则完全背道而驰的自然部分。景观植物组合包含多种基本组成形式（图3-19）：

— 单一种植/孤植
— 几株散植
— 三株一组
— 五株一组
— 树丛/自然林

片植

片植群树的功能与林荫道上成排种植的植被的功能有所不同。它们不仅可以突出建筑物，还可以作为局部空间的边界，此外，也可以作为城镇布局中起媒介作用的一个部分。自由栽植的片植树为设计师提供了引导游客视线的可能性，同时，设计师还可以通过合理的布局，增强开放空间的纵深感（图3-20）。植物的组合搭配相应的地形设计，可以创造出迷人的园林景观。纵观古今中外的园艺作品，可以看出，片植群树是一种常见的设计元素，经常呈现出自由排列和几何布局两种模式。在几何布局的形式中，树木通常按照1.5～2.5m的间隔种植，因此，也被形象地称为“树群”（tree packages）。

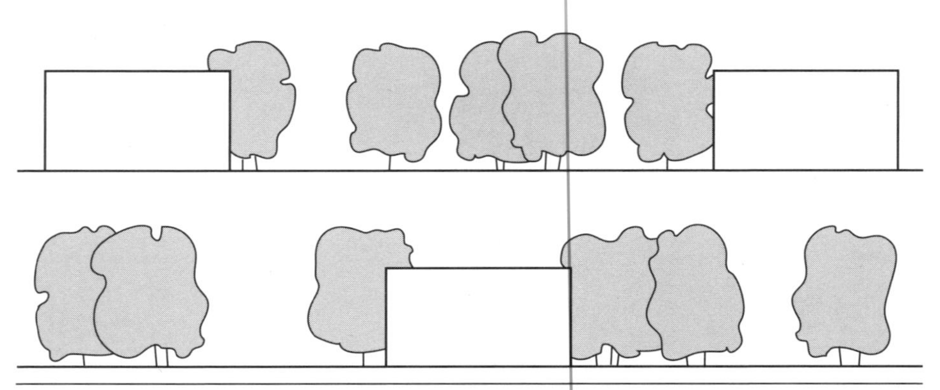

图3-21　场景化排列的树群可以在视觉上建立起几座建筑之间的联系，也可以作为一栋建筑的背景衬托

几棵树或松散群聚的树群，可以衬托出一个建筑单体，也可以在几座建筑之间创造出视觉联系（图3-21）。树木创造了空间层次，并调和了建筑物较为生硬的边界。不同形态的建筑也可以借助树群的组合形成整体和谐统一的视觉效果（图3-22）。如果不同的开发项目或住宅区中都种有几株相同类型的树，便会给人留下整体连续统一的印象。这解释了居民和游客是如何通过植物的布景来观察并理解城镇空间的。

树林

树林有各种各样的特征，能够唤起多种情感。这主要取决于树种的选择（例如，树冠是易于透光还是能够遮阴，叶子的颜色是深绿还是浅绿，叶子表面是否有光泽等），此外，还与树木种植的位置是否紧密，以及树木的种植结构（严密、正式、自由、不规则）有关。树林由同种类型、同一年龄阶段的木本植物组成。种植树冠较为开展、整体形态优美的树种（如榉树、松树、槐树）和水平高度较低的地被植物可以增强树林的开放性（图3-23）。不同的树木的种类、树龄和生长时间，会形成不同的环境气氛。例如，由高大的山毛榉所组成的色彩较浅的树林，透光性较好；而由常绿针叶的松树组成的空间环境就相对较暗。与“严密的”“正式的”树林相比，“自由的”“不规则的”树林不拘泥于特定的种植网格。散点种植的树群会形成一些“间隙”，这些间隙的大小、形态以及出现的顺序都是随机的、不规

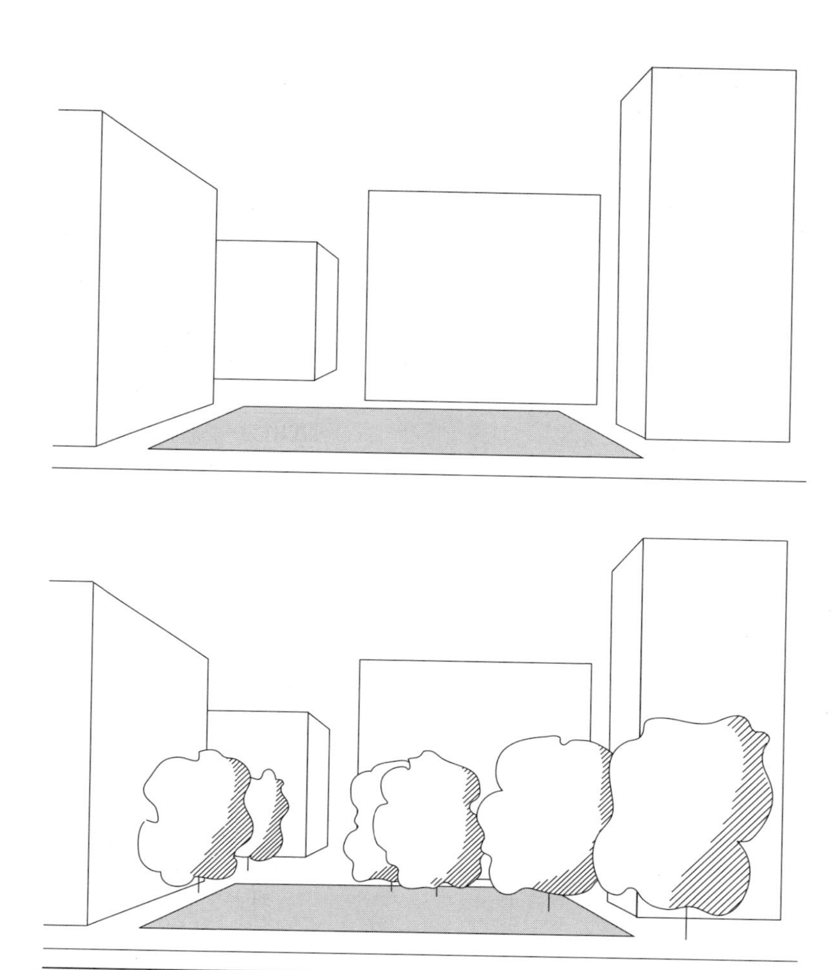

图3-22　借助树群来统一不同风格的建筑

则的。大的间隙与小的间隙交替出现，种植较为松散的部分与较为密集的部分交替出现。“自由的”组合方式形成的树群能够给人留下多种印象，且不同的树种能够唤起居民和游客不同的感受，或是仿佛置身“桃花源”，又或是忧郁的感受等。

图3-23 种植在小山包地形上的浅色的桦树林

图3-24 草坪是空间基础

3.5 垂直与水平方向的发展

在开放空间中，高度的差异具有很强的空间界定暗示。高度上的剧烈变化，即不同高度、层次之间的转换，能够形成空间的边界。高度差异所创建的边界有清晰的边界和柔和过渡的边界两种类型。在开放空间中，空间的层次往往是由植物的分层或植物的高度差异（从草地到树木）形成的。整形草坪、草地、地被植物和草本植物强调水平空间，给人带来平坦的印象；灌木、绿篱、大型灌木、单株木本植物和树群，随着高度的增加越发能够进行竖向空间的界定。常春藤、五叶地锦等藤本攀缘植物可以在墙壁和建筑物上形成大片的绿色。

水平方向

整型修剪的大片草坪、大片的低草地、由单一地被植物形成的地表植物覆盖区、木本植物和过膝的植物，它们具有不同的质感、色彩和结构，具有不同的视觉效果，传达出不同的情绪，或是庄重的、平静的，或是自然轻松的。草坪是花园设计的空间基础（图3-24）。整型修剪的草坪呈现出统一的、柔软的肌理，如同地毯一般平整，在开放空间中，给人带来视觉上的宁静。因此，草坪应尽可能地开阔和连续。修剪后整齐统一的草坪使得地形特征清晰可见。此外，草地在一年的时间里会呈现出不同的特征。草地中主要的草和花的颜色会随着季节的变化而变化，给草地带来视觉上的动态变化。在风中摇曳的小草更能赋予草地动感。对草地进行修剪可被视作一种设计手法，通过修剪能够创造出有趣的效果，例如，可以在草地中修剪出一条道路，或是仅对部分区域的草进行修剪或对草地边缘进行修剪（详见“4.3 设计原则”和“4.1　植物：外观”）。

由常绿的、低矮的草本植物和木本植物组成的地被植物具有更为丰富的颜色和质感，能够营造出比草坪更立体生动的空间。所选地被植物的叶子越小、植株越低矮，所形成的平坦效果就越明显。

■ 空间界定的层次

能够界定空间层次的元素包括草坪、草本植物、灌木、绿篱、大型灌木、单株木本植物、树群和立面攀缘植物。在花园和公园的草坪上，灌木和绿篱具有打破和划分地表的功能，从而营建出空间层次（图3-25）（详见“3.1　空间界定”）。如果需要形成视线屏障，可以种植大量的灌木绿篱，从而形成空间背景（详见“3.2　空间组织”）。此外，灌木和绿篱还可以作为地表植物与高大树木之间的过渡，以及从开阔空间到花园空间的过渡。叶子是灌木最重要的特征。正是灌木的叶子使灌木能够在我们的视线范围内形成大面积的绿色填充。灌木所形成的视觉效果可能是谦虚朴素的，也可能是令人惊叹的。灌木在一年的大部分时间里都很有吸引力（叶色、花朵、果实），不过，它们往往没有比较标志性的形态。

除了树木之外，修剪过的绿篱也是最重要的设计元素之一，因为它们在设计中引入了整齐感，可用于构建空间框架，具有明显的轮廓、结构和肌理效果（详见“3　空间结构”和“4.1　植物：外观”）。修剪过的绿篱可以呈现出如下形式：

— 绿篱空间
— 连续的绿篱

■ **小贴士**：种植单一植物类型，例如，在居住绿地的乔木和灌木空间中应用同一种地被植物，可以将不同空间融合在一起，使植物设计更加清晰统一。

图3-25　树木和绿篱作为空间界定的元素

— 绿篱屏风
— 绿篱团块
— 修剪成自由形状的绿篱

“绿篱空间”是由高度不低于人眼高度的绿篱所组成的空间，可在其中创造独立的植物布景主题。“连续的绿篱”的高度可以是上述绿篱高度的一半，可以呈现为扇形、曲线形或者其他各种形状。“绿篱屏风”可以作为开放空间的绿色边界或“屏风墙”，它们可以独立于建筑存在，也可以与建筑形成对比，还可以有其他形式。“绿篱团块”由多个高度各异的绿篱方块组成，几排方块的组合能够增强空间的纵深感。“修剪成自由形状的绿篱”有着极强的雕塑感，它是比利时景观设计师雅克·维尔茨（Jacques Wirtz）在景观设计中的一个标志性设计元素。

垂直方向

垂直表面（如建筑外墙、独立墙体）或垂直元素（藤架、凉亭、照壁），以封闭或通透的形式形成了空间边界。木本攀缘植物可以全部或部分覆盖在这些垂直空间上，从而形成绿色的或开花的空间边界

图3-26　种植立面勾勒出空间轮廓

墙。攀缘植物覆盖住整个建筑外墙或独立墙体时，会形成有趣的立面肌理。绿色覆盖物看起来就像一件衣服一样（图3-26）。此外，在部分立面空间上覆盖攀缘植物，有助于突显这些区域。攀缘植物爬满藤架、凉亭、照壁时，可让构筑物和自然之间的过渡更显柔和，同时增添令人愉快的细节。建筑物被攀缘植物赋予了独特的外观。攀缘的木本植物可以以最小的占地面积对垂直空间进行装饰。根据植物的攀爬方式，可划分为自攀缘类木本植物和辅助攀缘类木本植物。自攀缘类木本植物无须借助外力，可以自行攀爬在垂直表面和垂直元素上（也包括水平表面）；辅助攀缘类木本植物包括缠绕类和攀靠类两种，都需要辅助外界工具攀爬（表3-1、图3-27）。

此外，也可以使用苗圃中生产的绿篱植物来营建墙面的效果。在选择树木类型时，应考虑所需的高度、叶片厚度、绿化时间等因素。为保证绿篱的形状和密度，必须每一年至少修剪一次。对于距离较大的空间来说，为达到更好的视觉效果，应该选用树墙作为空间边界。

表3-1 攀缘植物

生活型	植物拉丁名	英文名	中文名	全部覆盖	部分覆盖	攀缘高度/m	生长速度	常绿	落叶
自攀缘类木本植物	*Hedera helix*	Ivy	洋常春藤	×	×	10~20	s	×	
	Hydrangea petiolaris	Climbing hydrangea	藤绣球		×	8~12	m		×
	Parthenocissus quinquefolia ‘*Engelmannii*’	Engelmann Virginia creeper	[天使]爬山虎	×		15~18	f		×
	Parthenocissus tricuspidata ‘*Veitchii*’	Veitch Japanese creeper	[博斯]爬山虎	×		15~18	f		×
辅助攀缘类木本植物（缠绕）	*Clematis montana*（all varieties）	Anemone clematis	绣球藤（所有变种）		×	5~8			×
	Clematis montana var.*rubens*	Rubens Ane mone clematis	红花绣球藤		×	3~10			×
	Clematis tangutica	Leatherleaf clematis	甘青铁线莲		×	4~6			×
	Clematis vitalba	Traveler’s joy	白藤铁线莲		×	10~12			×
	Parthenocissus quinquefolia	Virginia creeper	五叶地锦	×		10~15	f		×
	Vitis heyneana	Crimson glory vine	毛葡萄		×	16~8	f		×
辅助攀缘类木本植物（攀靠）	*Isotrema macrophyllum*	Pipe vine	美洲大叶马兜铃		×	8~10	m		×
	Celastrus orbiculatus	Oriental staff vine	南蛇藤		×	8~12	f		×
	Lonicera caprifolium	Perfoliate honeysuckle	羊叶忍冬		×	2~5			×
	Lonicera × *heckrottii*	Flame honeysuckle	京红久忍冬		×	2~4			×
	Lonicera henryi	Evergreen honeysuckle	淡红忍冬		×	5~7		×	
	Lonicera tellmanniana	Honeysuckle	台尔曼忍冬		×	4~6			×
	Polygonum aubertii	Type of knotgrass	木藤蓼	×	×	8~15	f		×
	Wisteria sinensis	Chinese wisteria	紫藤		×	6~15	m		×
蔓生	*Jasminum nudiflorum*	Winter jasmine	迎春花		×	2~3			×
	Rosa（Climbers Group）	Climbing rose	藤本月季		×	2~3	m		×

注：s = 生长速度缓慢，m = 生长速度中等，f = 生长速度快。

生活型	攀缘支撑物
自攀缘类木本植物	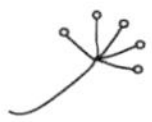 墙 树 表面（水平、成角度、垂直） 墙面 吸盘　墙、攀缘根 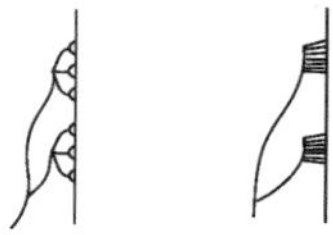
辅助攀缘类木本植物（缠绕）	 格子 生长棚架 钢丝网 水平和垂直方向伸展的藤蔓 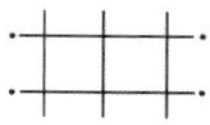
辅助攀缘类木本植物（攀靠）	 伸展的藤蔓 凉棚 凉廊 
蔓生	 墙树 墙面 

图3-27　不同类型攀缘植物的生长方式

3.6　比例

比例和权重关系影响着空间的景观效果。比例描述了物体的重要尺寸之间的精确（经计算得出的）关系（例如高度和宽度之间的关系），并以视觉权重的方式阐述了设计元素之间的数值关系。通过改变比例可实现对某一空间的压缩或拉伸，不过，这也可以通过透视的方式来实现。就街道而言，街道两侧建筑物外立面的平均高度与街道上树木的平均高度的比例是3：5时，街道看起来会比较和谐。如果将这一比例调整为2：6或4：4，则会产生完全不同的空间效果。在参考比例时，树木是介于建筑物和人之间的一个元素，因此，树木与建筑物高度、大小的协调关系尤为重要。高大的树木应种植在路幅较宽的街道上，并且需要与建筑物保持足够的距离；而较低矮的树木更适合种植在较窄的街道上，且适宜栽植在离建筑物较近的地方（图3-28）。基于透视原理使用一些花招，例如让一条街上的建筑与树木的高度比越来越小，还可以让观察者产生空间更广、更深的错觉。使用能够在视觉上形成空间景深的插入元素、分层元素或线性元

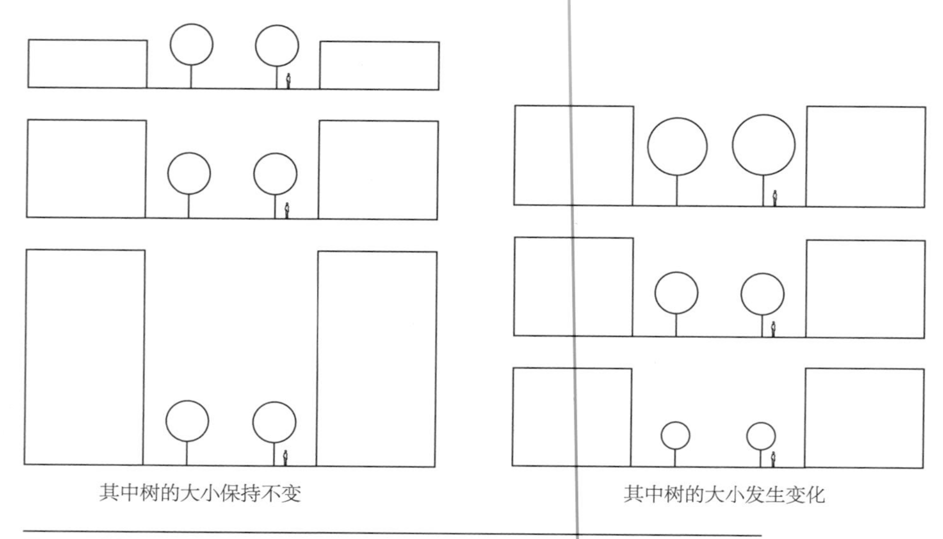

图3-28　树木和建筑物之间的距离关系

素，可有效在视觉效果上加强空间深度。这些元素还可以通过特定的尺寸或特征影响整个空间的比例。独立种植的树木、凉亭、反光的水面等都适合这种用途（详见“3.2　空间组织”）。线性结构，如整齐修剪后的绿篱或由叶片和花朵形成的色彩带，也能够塑造透视效果。

■ **小贴士：**红色和橙色给人以临近感，在视觉上有缩短空间距离的效果；蓝色、蓝绿色和蓝紫色会有疏离感，因此具有延伸空间距离的视觉效果（详见“4.1　植物：外观”）。

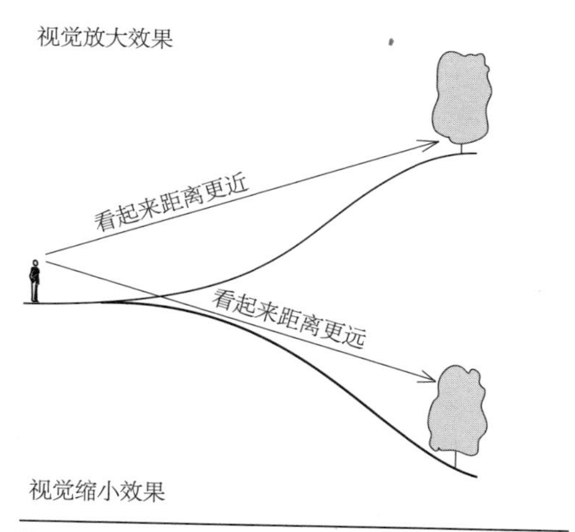

图3-29　向上和向下倾斜的地形所形成的视觉效果

地形和地面起伏会对户外空间的比例产生重要的影响。例如，从观察者的视点出发，一个从他身前开始向下倾斜的地形看起来会比它实际的长度更长，因为它越向下倾斜就越是在远离观察者，这种远离的观感让向下倾斜的空间看起来更广阔。相反，向上倾斜的地形看起来就更短，因为它对于观察者而言一览无余，且越向上倾斜它看起来离观察者越近（图3-29）。

Plants as a material

4 植物作为一种材料

选择合适的植物品种时必须权衡众多因素。重要的是，要结合植物的各种表现特征，考虑植物与周围环境的融合关系，从而营建出具有强烈视觉冲击力的植物景观。此外，开放空间整体的布局效果也尤为重要。充分了解植物的习性及特征，是开展植物景观规划设计工作的基础。繁殖力、传播性或生态适应能力强的植物，会抑制环境中其他种类植物的生长，使自身种群蔓延至整个花园，形成单一优势种群，例如结缕草就具有这种特性。其他类型的植物生长非常缓慢，或是在生长到一定阶段的时候，与临近的植物出现相克反应。

植物作为一种有生命力的材料，其在生长过程中经常以“计划外”的形式发展。我们的植物规划提供了一个基本框架，植物的生长也被纳入这个框架中。结合定期的植物养护，可以对开放空间的植物状态和景观品质进行管理。

4.1 植物：外观

好的设计往往非常简单，需要精心挑选合适的植物品种。设计师需要对所选植物的外观以及美学效果有一个深入且准确的了解。在选择和栽植植物时，这些理论知识比简单的直觉更加可靠。

树形

树形是由植物的外轮廓决定的。植物最外层（树枝、叶片、花朵）的生长密度越高，植物的形态或结构就会越明显。在夏季，落叶的乔灌木与常绿的植物一样引人注目，尤其是那些枝叶浓密的乔灌

■ **小贴士：**公园、城市广场和花园为研究植物及其用途提供了大量机会。通过对植物的观察与分析，可以明显地发现植物的多样性以及不同植物之间的差异性。植物有什么特征呢？它们是如何与周围环境相协调的？通过对好的和不好的实例进行分析，我们可以制定出更适宜的植物规划和设计方式。

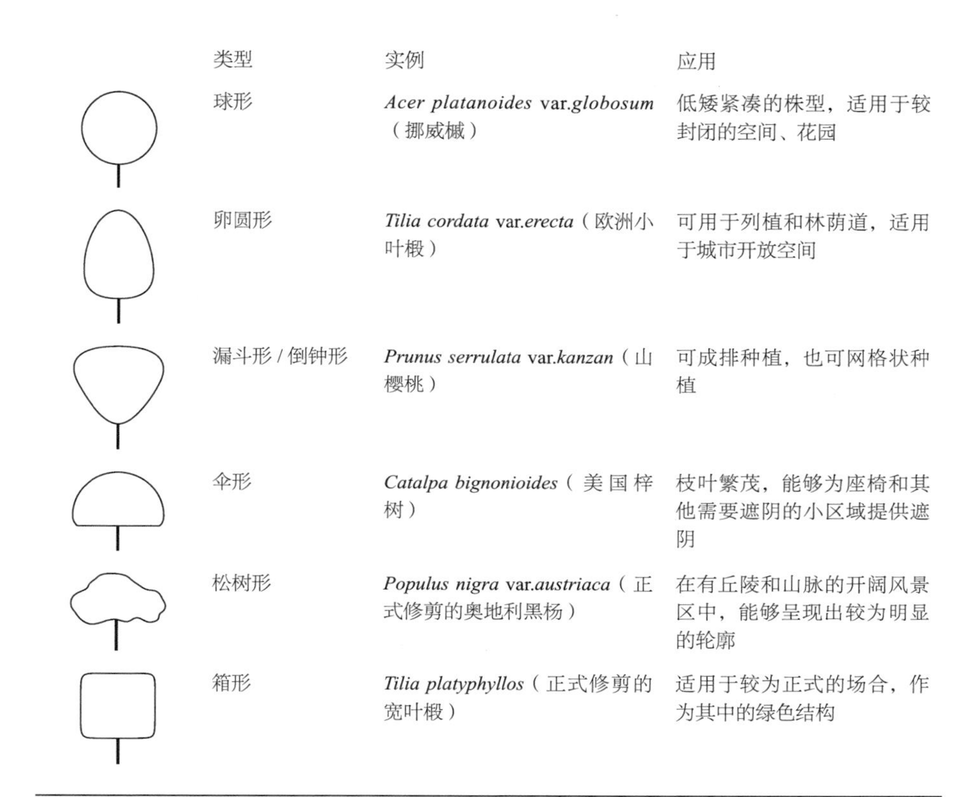

类型	实例	应用
球形	*Acer platanoides* var.*globosum*（挪威槭）	低矮紧凑的株型，适用于较封闭的空间、花园
卵圆形	*Tilia cordata* var.*erecta*（欧洲小叶椴）	可用于列植和林荫道，适用于城市开放空间
漏斗形 / 倒钟形	*Prunus serrulata* var.*kanzan*（山樱桃）	可成排种植，也可网格状种植
伞形	*Catalpa bignonioides*（美国梓树）	枝叶繁茂，能够为座椅和其他需要遮阴的小区域提供遮阴
松树形	*Populus nigra* var.*austriaca*（正式修剪的奥地利黑杨）	在有丘陵和山脉的开阔风景区中，能够呈现出较为明显的轮廓
箱形	*Tilia platyphyllos*（正式修剪的宽叶椴）	适用于较为正式的场合，作为其中的绿色结构

图4-1　树形

木。在冬季，一些枝干较为密集的落叶乔木、落叶灌木，同样能够呈现出一定的造型，具有较为吸引人的轮廓。植物的形态越简洁明了，就越容易被理解、描述、绘制和定义。植物形态的分类是对不同植物的生长类型进行区分（图4-1）。植物的形态可能会由“体”或“表面”组成。许多复杂的形态是由简单的基本形态组成的，其中，最简单的基本形态有：方形、圆形和三角形，还有一些明显要复杂得多的自由形态。这些特征可以在成熟雪松的枝叶系统中看到，例如，在分离的、浓密的针叶末端。

规则的特征

木本植物的几何形或者其他图形的外观可以吸引人的注意，并且能够作为公园、花园或展览空间的骨架结构。依据植物生长的形式和方向，可用它们创造出静态或动态的景观效果。树形特征可以大致分

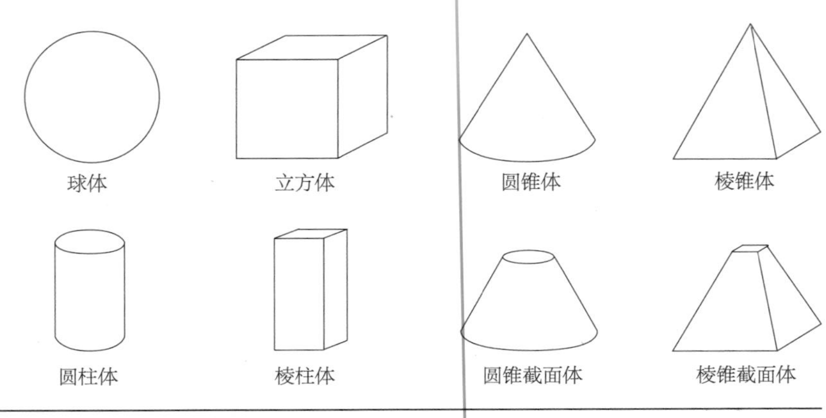

图4-2　乔木和灌木的几何修剪形式

为“无方向的”“有固定的方向”和“有非恒定的方向”3种。球体作为一个简单的设计形状是无方向的，具有静态的效果。平铺和直立的植物形态是静态的，有固定的方向，而攀爬或悬垂的植物则有非恒定的方向，具有动感，能在视觉上营造出一种动态的效果。将不同的、形态对比强烈的树形进行组合，可以增强静态或动态的景观效果。例如，一个位于蜿蜒路径（非恒定的方向）旁的垂直元素（柱子），便是作为一个具有强烈对比的固定形式出现的。

对于垂直方向上的建筑（高层建筑）而言，水平的植物种植形式（成排的树）与其相对；球形的植物（无方向）与流线型的植物种植带（有非恒定的方向）形成了鲜明对比（详见“4.3　设计原则”）。

整形的木本植物

定期的整形修剪使乔木、灌木和绿篱保持着清晰可见的轮廓形态。可将落叶和针叶乔灌木修剪成几何形态（如立方体、圆柱体、球体、棱锥体、圆锥体、截面体等）或来源于自然界中的形态（如螺旋形等）（图4-2）。整形修剪的乔灌木根据其是否为箱形、顶盖形、棚架形、球形来进行划分（图4-3）。整形修剪的绿篱创造了连续的、清晰的空间边界。低矮的、整形修剪的绿篱围合出了花园空间，没有在视觉上形成阻碍。整形修剪可以控制植物的生长范围，维系植物的形态特征。整形修剪后的木本植物特别适用于规则式花园布局和开放空间布局中（图4-4）。不过，只有少部分植物适合于这样的整形修剪（表4-1）。

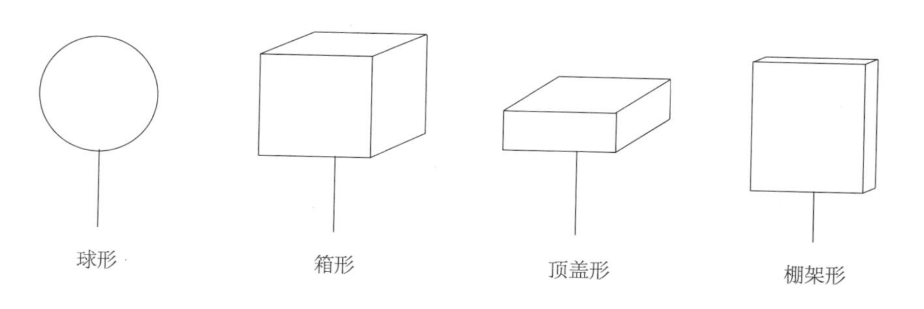

图4-3　乔灌木的修剪形式

表4-1　适用于整形修剪的乔灌木

拉丁名	英文名	中文名	孤植树	绿篱	建筑	几何体	伞形	栅格	盆景
落叶乔灌木									
Carpinus betulus	European horn- beam	桦叶鹅耳枥（及变种）	×	×	×	×	×	×	×
Cornus mas	European cornel	欧洲山茱萸		×			×	×	×
Crataegus	Hawthorn	山楂属	×						
Fagus sylvatica	European beech	欧洲山毛榉		×	×	×			
Platanus acerifolia	Hybrid plane	二球悬铃木	×						
Tilia	Linden	椴属	×	×	×				
常绿乔灌木									
Buxus sempervirens var.*arborescens*	Tree boxwood	细叶黄杨		×		×			
Ilex aquifolium	Holly	欧洲枸骨（及变种）				×			
Ilex crenata	Japanese holly	齿叶冬青（及变种）				×			×
Ligustrum vulgare var.*atrovirens*	Wild privet	欧洲女贞		×		×			
Pinus	Pine	松属					×		×
Taxus	Yew	红豆杉属		×		×	×		×
有果实的木本植物									
Malus pumila	Apple	苹果（及变种）						×	
Pyrus communis	Pear	梨						×	

图4-4 整形修剪的灌木丛

图4-5 落叶树的枝叶特征在冬季尤为明显

特征和形式的平衡

了解植物的形态在不同距离下的视觉效果是很重要的，因为在园林中，可以看到的景观距离是一定的。造型的视觉效果会随着距离的变化而变化。从较远的地方看，眼睛记录的是一个类似剪影的印象，而不是一个形状；从中等距离的地方看，由于受到光影的影响，植物呈现出更多的体量感；从较近的地方看，相较于植物的形状，其色彩、质地更具有视觉吸引力。在考虑各种植物的数量的同时，还应考虑到种植的距离。在较远的距离上，如果不特意观察识别的话，人们只能在一大片树群中注意到一些不同的树种。

特征

与植物的形式一样，植物的特征很大程度上也影响着它的外观。植物的外观展现出它们特有的生长类型。在园林景观中，相较于其他类型的植被，乔木的植物特征最为明显。乔木和灌木的特征在冬季会更加明显（图4-5）。根据植物特征进行分类，如图，它们就像被修剪过了一样（图4-6）。根据形式和特征对植物进行分类，有助于在视觉上了解哪些植物适合什么样的环境特征。树形规整、树冠浓密的植物适合以等间距排列的形式种植在较为正式的环境中（如城市广场）。树形开展、没有固定生长形态的植物可以美化冰冷、单调的建筑

类型	举例	应用
 圆形的 / 球形的	*Platanus acerifolia* 二球悬铃木	适合成行成列种植，或应用于街道、街区等正式场合
 圆形的 / 鸭蛋形的	*Acer platanoides* 挪威槭	适合城市开放空间，包括广场、街道和公园
 不规则的 / 没有树冠的	*Gleditsia triacanthos* 美国皂荚	以孤植树的形式应用于非正式的场合，或栽植于大片林地之中
 多分枝的	*Acer palmatum* 鸡爪槭	与建筑搭配种植，突出建筑
 锥形的	*Corylus colurna* 土耳其榛	分组种植，或作为植物中的焦点
 圆柱形	*Populus nigra* var.*italica* 钻天杨	适用于开阔、平坦或略有地形起伏的场地中，有助于强化线性元素（如景观大道）。与水平方向的建筑元素和入口空间形成鲜明的对比
 悬垂的	*Betula pendula* 垂枝桦	孤植或零星几株种植，具有艺术造型特征，适用于园林景观布局和具有复杂形态的建筑

图4-6　树木的不同特征

- 立面。

草本植物和禾本科植物也可能表现出不同的特征。花、叶、茎和嫩芽的生长方向，形成了不同的生长形式：单芽草本植物的叶片高度较低，通常紧贴地面，且只有一个花茎，如毛蕊花属（*Verbascum*）或毛地黄属（*Digitalis*）植物；直生型丛生植物的叶片通常直立坚挺、向上生长，如鸢尾属（*Iris*）和芒属（*Miscanthus*）植物；斜生型丛生植物的叶片柔软，向下弯垂呈弧线形，如萱草属（*Hemerocallis*）和狼尾草属（*Pennisetum*）植物。不同的植物生长形式呈现出不同的景观效果：坚挺、直立向上生长的草本植物给人以“结构化的”“突出强调”的感受，而斜生型的草本植物则显得平和优雅。当各种类型的植物种植在一起的时候，它们在设计方面的结合能力，可以与每一种植物的生长特征和生长模式一同考虑（详见“4.3　设计原则”）。

在很大程度上，植物特性的塑造与光照条件和竞争关系有关。喜光植物在阴暗的环境中很难展现出其正常特征，其生长受阻且无法开花。

肌理

肌理是植物显著的特性之一。整株植物的密度和单个叶片、茎、芽的表面质量都会产生“肌理”的效果。“肌理”是指植物叶片的特征：单个叶片的形状和表面质量、大小、排列、数量，以及表面光反射效果。此外，小枝和嫩芽也为植物赋予了“肌理”的效果。“肌理”的划分方式可以简单地分为：“细”（草坪）、“中细”“中粗”“粗 ”“非常粗”（图4-7）。修剪过的绿篱和被精细修剪的草坪都有着密实的、细肌理的、“平滑的”表面，这个表面整体和谐，呈现出墙面一般的效果。例如，经过修剪的紫杉篱具有密实且细的肌理，其呈现出来的形态具有建筑物的特征，给人以庄严、正式的感觉；而自由生长的玫瑰花丛则展现出了自然的一面。如果植物要与建筑物或其他构筑物相结合，则在对植物肌理进行选择的过程中，应考

■ **小贴士：**使用模型做研究可以对乔木、灌木的特征、分枝结构、纹理和形态类型的不同组合方式进行测试。可选用的植物材料有：枝条、干花、种子、果实等。

图4-7　不同肌理的展示：细、中细、中粗、粗

图4-8　网格化的草本植物种植所形成的面状结构

图4-9　花卉形成的如同地毯刺绣的效果

虑建筑物或构筑物已有的或将要呈现出来的材料肌理和结构特征。例如，如果植物叶片的大小与建筑墙面砖块的大小一模一样，那在视觉上会显得比较无趣（详见“4.3　设计原则”）。植物的肌理有多种效果：

— 植物的肌理可以使植物轮廓更加清晰
— 植物的肌理能够呈现出“着重强调”的效果
— 细的植物肌理形成了和谐、纯净的背景，在视觉上扩大了花园的空间
— 植物的肌理可以作为辅助，强化空间的深度
— 如果花园中不同品种的植物有着相同的肌理，则会形成统一的视觉效果

图4-10　呈韵律变化的植草带与条形铺装形成了统一的结构样式

图4-11　种植打破了原有的表面结构

图4-12　由同一种花卉种植形成的面状结构

图4-13　由规律性的、线性排列的“垫子状”灌木形成的面状结构

结构

结构是指一个设计单元的内部构造。内部元素的重复产生了结构。“结构”适用于所有类型的设计。植物种植、草图或是方案文本，都需要这样的“结构”来辅助人们理解。

面状结构

大量种植相同或相似形态的植物，会产生具有结构性的效果（图4-8）。规则排列的结构能够呈现出一定的装饰性、图案性（墙纸、印花织物、地毯），并强化平面设计层面的效果（图4-9）。不规则排列的结构显得更活泼、更有空间感（图4-10、图4-11）。从平

图4-14　由成排种植的柱状植物单体所形成的空间结构

图4-15　由线性行列树重复种植所形成的空间结构

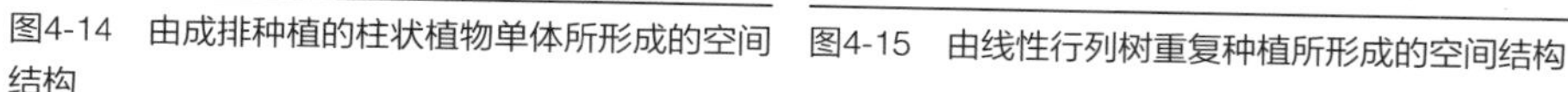

面设计层面看，材料和植物的肌理能够营造出各种不同的效果。例如，由单一草本植物形成的草本种植区会给人留下较为深刻的印象（图4-12、图4-13）。由多种夏季花卉和草本植物形成的草本种植区也会形成面状结构。可以通过重复使用具有明显叶片特征的植物（如草、蕨类）实现这一结构（详见“4.3　设计原则”）。

空间结构

空间结构要么是通透的，要么是有隔断的。在一片绿树成荫的森林里，漫步者会发现自己处于一个结构化的空间当中。他们的前面、身后和两侧都是树干，而他们头顶上方是树枝和树叶。众多相同、相似的元素以及它们之间的划分关系，形成了这一空间结构（图4-14、图4-15）。为了形成花园的空间结构骨架，可在空间中重复设置相同或相似的元素（如木本植物）。这些元素的设置方式可以是密集的、通透的、均匀的、有节奏的或无序的，并且可能产生各种效果（图4-16、图4-17）（详见“4.3　设计原则”）。落叶后的落叶木本植物和一些针叶木本植物虽然已经几乎没有“叶子”了，但仍然可以看到其空间结构和分支特征。枝条所产生的线性图形很好地营造出了背景效果（详见“4.3　设计原则”）。

外形

外形即植物的轮廓或外轮廓线。木本植物的轮廓具有连续和开放之分。得益于定期修剪，整形修剪后的木本植物和绿篱的肌理清晰，

图4-16　植物的自由种植组合

图4-17　不同类型的植物相搭配，形成了水平和垂直方向上的空间结构

能形成一条连续的轮廓线。这对形成花园结构很重要（图4-18）。如果没有这些整形修剪的植被，很难想象该如何去创造一个井井有条的花园。自由生长、肌理清晰的木本植物和被修剪的木本植物一样具有连续且清晰的轮廓。它们给人“厚重”的视觉印象（图4-19）。开放的轮廓要么是排列的，例如具有分层的树枝（灯台树，*Cornus controversa*）和均层分布的树枝（塞尔维亚云杉，*Picea omorika*），要么是不规则和松散的。观察者离得越近，就越容易感受到每片叶子的轮廓。

颜色

虽然植物的特征和形态是植物外观中最重要的两点视觉要素，但是对于大多数欣赏者而言，花园中花、叶、果实的颜色和纹理更引人注目。花园的“生长”表现在植物的特征和形态上，而不同植物的颜色和纹理则具有季节性的变化。叶片和花朵表面的光感和纹理（如有光泽、无光泽等）所产生的丰富变化，使植物呈现出多样的颜色。植物所呈现的色彩效果，可以用色环和色谱对其进行系统分类。色调、明度和亮度决定了一种颜色所产生的视觉效果。在景观设计中使用颜色时，应该记住，在大多数花园和景观中，绿色是主体颜色，秋季、冬季会变成棕色，而其他颜色只占很小的部分。

颜色的亮度

光线决定了我们看到的颜色。光的类型、强度和入射角度对所呈现的色彩效果有着至关重要的影响。在阳光下和在阴暗处，植物的颜

图4-18　整形修剪的绿篱，轮廓连续且清晰

图4-19　修剪后树形紧凑的矮松，轮廓柔软、连续

色看起来是完全不一样的。在规划设计中，应考虑开放空间中的哪些区域在一天之中的哪些时段会受到阳光的照射。漫射光会降低颜色强度，而直射光则会增加颜色强度。因此，晴天和多云等天气会影响植物花和叶的外观，人造光也是如此。在白天，黄色和黄绿色的亮度最高，而到了晚上，蓝绿色会更显亮。在特别明亮或特别灰暗的光线下，颜色虽然仍有亮度，但色彩会显得很淡。对空间深度的感知也受光照方向的影响。早晨和傍晚的阳光（从侧面射入的光线）在花园或景观中所产生的空间深度效果比正午时分的要强烈得多。漫射光能产生的空间深度效果也较少。

每种颜色都有其特定的明度。蓝色的明度较低（深色），黄色的明度较高（浅色），红色的明度适中，比橙色要深一些。色调可以通过添加黑色或白色来改变，所产生的色阶可以用色轮来表示（图4-20）。色彩强烈的颜色位于色轮外圈，色轮的圆心代表着有最大亮度值的纯白色，或者最大暗度值的纯黑色。在色轮的外圈和圆心之间，有着一系列的颜色强度分级。如果外圈的蓝色降低了其亮度，它就会变得“沉重”，失去其原有空灵的特性。如果外圈的黄色提升了其亮度，它就会失去光彩，变得苍白。灰色的引入会使花的颜色变得柔和，但这也降低了其色彩明度，并在视觉上增加了花的距离感。在视觉上，纯色比杂色看起来距离更近。

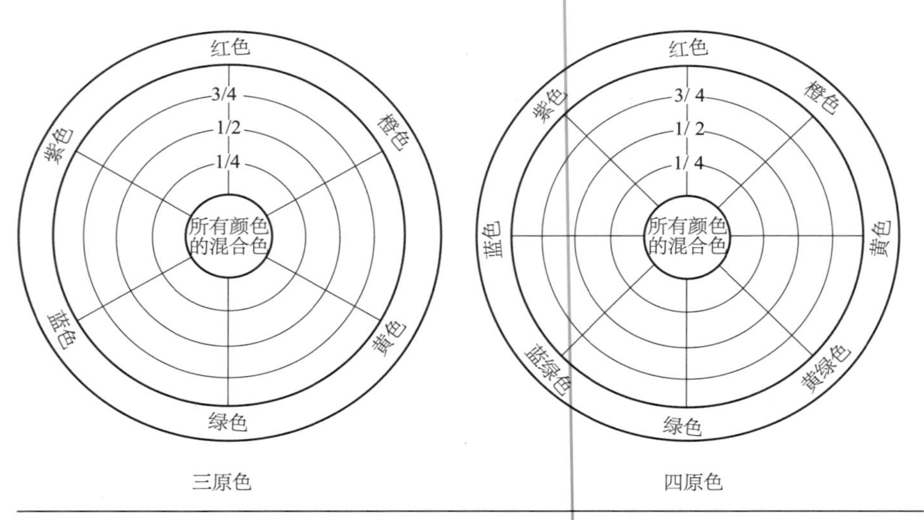

图4-20　分色彩级别的光谱色轮

白色可以增强所有颜色的效果。种植开白花的植物和叶子有斑纹（白边、白斑）的植物，可以提亮暗部。银灰色植物也有类似的补光效果，特别是与白色植物搭配应用的时候。

互补色

在色轮中，与该颜色相对的颜色是其互补色。绿色、紫色和橙色等复色是由红、黄、蓝三原色混合而成的，这6种颜色来自呈白色的太阳光折射后形成的彩色光谱。一种原色总是与一种复色相对应，例如，红色与绿色相对应。在光学中，两个互补色以适当的比例混合会形成白光。互补色增强了彼此的效果，即彼此的颜色强度。绿色背景下的红色、紫色背景下的黄色和蓝色背景下的橙色都十分明亮，反之亦然。每种颜色都有使其他颜色呈现出与其呈互补色的倾向，绿色使黄色看起来更红，也就是说，在绿色背景的衬托下，原本的黄色呈现出与背景绿色互补的红色效果。黄色与与其不存在互补色关系的红色混合，其色彩偏向于橙色。蓝色会使绿色看起来更黄，绿色使蓝色看起来更紫，黄色使得绿色看起来更蓝。

对于红、黄、蓝、绿四色来说，能与之产生最强对比效果的颜色正好落在色轮中正对面的位置上（图4-20）。

冷色和暖色

色轮可以分为暖色区和冷色区。红色、橙色和绿色是暖色，同样的还有黄绿色和明亮的叶绿色。蓝色、蓝紫色和蓝绿色是冷色。暖色看起来离人的距离更近，而冷色则看起来比实际距离要远，使得开放空间看起来比实际更深远。中绿色和青色是中性色。因此，景观中的绿色给人以平静、稳定的效果。仅由暖色或仅由冷色组成的颜色组合会比较和谐，暖色和冷色搭配会产生对比的效果，但不一定是不和谐的。

色彩和谐

在色彩和谐的情况下，可以通过渐变的方式调整一种颜色的色调，比如使其更偏暖色调或更偏冷色调。背景、周围环境、邻近植物的生长形式、纹理以及其颜色变化都影响着色彩的和谐度。许多不同绿色的木本植物种植在一起，能够形成比较好的色彩和谐关系，营造出宁静祥和的环境氛围。将深色的针叶木本植物与浅色的落叶木本植物相结合，能够形成强烈的色调对比。在传统日式园林中，一般会通过种植常绿的乔灌木来营造和谐统一的色彩效果，其他颜色出现的时间较为短暂，如春季的樱花和秋季的红叶，季相性的出现使园林中的色彩更为和谐。●

当两个原色与一个复色相搭配时，会产生强烈的效果（红色、蓝色、紫色）。两个复色与一个原色相搭配会产生微妙的效果（绿色、橙色、红色）（图4-21）。然而，这些色彩有着较广的色调，并不是所有的红色都能与任何的绿色相调和。如果两个色调不能够调和的话，便要引入第三个色调来进行色彩和谐度调节，此时创作的难度也会增大。■

● **例子：** 只有一种花色的花卉种植区形成了单色构图。在单色植物种植区中，最好有一些形式上的对比，例如在花丛中：蓍草属（*Achillea*）、一枝黄花属（*Solidago*）和金光菊属（*Rudbeckia*）成片紧密地种植在一起。

■ **小贴士：** 即使只使用一种颜色，也可以通过调整色彩的明暗亮度、冷暖色调的方式来营造出丰富的色彩效果。一开始将主色调控制在几种颜色以内，能够创造出内在的统一性，避免色彩过于杂乱、随意。鲜亮的颜色在阳光充足的地方能呈现出更好的色彩效果，而柔和的浅色则更适合用在遮阴处。

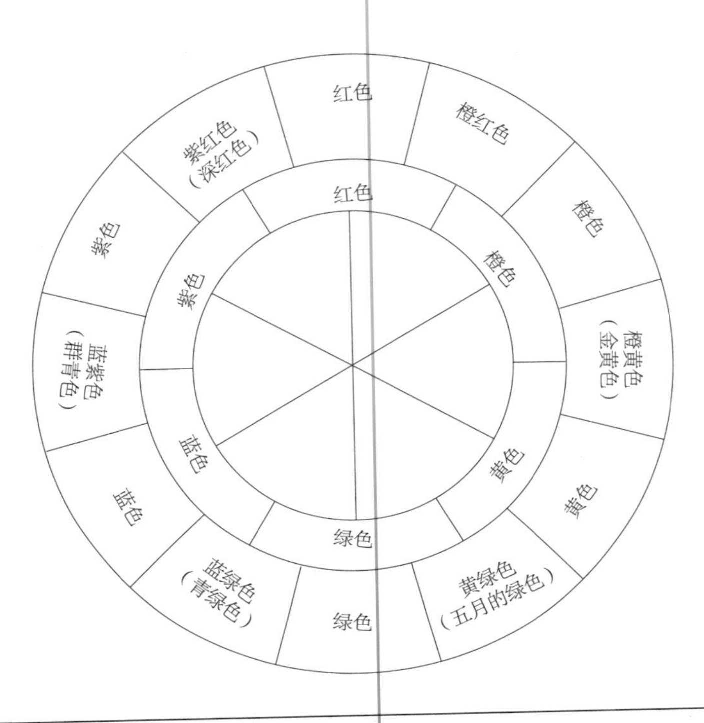

图4-21　复色和原色混合的光谱色轮

与银灰色叶的植物进行搭配，更容易创造出和谐的色彩环境。在这种环境下，红色和蓝色等强烈的颜色会显得更加明亮，柔和的颜色也能够呈现出最佳的色彩效果（表4-2）。

表4-2　色彩和谐的搭配范例

2 种色彩的和谐	3 种色彩的和谐
蓝色 - 橙色	蓝色 - 红色 - 黄色
橙黄色 - 群青色	蓝色 - 红色 - 银灰色
橙色 - 银灰色	明蓝色 - 黄色 - 银灰色
玫瑰色 - 银灰色	黄色 - 白色 - 银灰色

4.2 随时间动态变化的特征

以植物为设计元素的规划方案超越了二维平面与三维空间，包含了第四个维度：时间。相较于混凝土和石块，植物作为一种有生命的元素，其形态会随着生长而变化。这种变化的速度可以发生得很快。在某种程度上，这种变化可以以“天”来计算，尤其是叶子、花和果实处于发育的时期时。根据植物寿命长短的不同，一个地区内生长的植物会在季节、一年、几十年或几百年的时间里呈现出有规律的变化。花园中可以不断地观察到植物的新生和死亡。然而，植物这种天然的特征也带来了一个问题：花园什么时候才算是完整的？花园在什么时候会生长，在什么时候又会开始衰退？因此，以植物为设计元素的规划需要有一个较长的时间上的考虑。植物的生长需要时间。相较于存在了多年的花园，一个刚建成开放的公共空间往往植物种植得比较稀疏，看起来有一种未完成的感觉。如果设计师和甲方没有意识到植物生长需要时间的话，他们可能会对此感到失望。因此，在进行相应的规划布局时，可适当选用适合空间尺度的大体量木本植物，以便在早期阶段营建空间和结构。同样的原则也适用于：植物的特征和形式决定了开放空间的构成，不同物种的颜色和纹理强化了植物的季节性变化特征。

季相变化

虽然许多木本植物的空间结构是稳定的，但它们在初春和秋季经常会呈现出显著的色彩变化（图4-22）。每种植物都有一系列相应的季相特征，落叶木本植物会随着季节的变化而变化。在夏季，落叶木本植物是花园中的主体骨架，而到了冬季，常绿和针叶木本植物便会突显出来，如果规划得当的话，便可以是此时花园的骨架。它们在外观上变化很小，具有稳定性。杜鹃在5月开出色彩绚丽的花朵，在夏季不那么引人注目，而到了冬季，因其常绿的叶子又变得十分明显。在植物落叶后，夏季绿色的木本植物的线性骨干得以清晰呈现（详见“4.1　植物：外观”）。草本植物的外观变化非常明显。冬季，许多草本植物的地上部分枯死，越冬后又会长出新芽，且新生芽的高度和数量都会有所增加。建议根据植物的四季特征来进行植物选择，尤其是那些一年四季都具有游赏价值的花园景观，例如，住宅花园。

图4-22　散落在草地上的郁金香，形成了生机勃勃的植物景观

在进行植物种植设计时，应保证花园从早春到晚秋都有一系列的颜色变化。有一种方式是根据植物的开花时间来对植物进行分组，并把它们种植在不同的场地或景观单元之中，因为多种花卉在同一时间、同一地块出现的话，往往会削弱整体的景观效果，显得布局缺乏统一的规划考虑。在自然风景中，许多颜色会以短暂的插曲形式出现，随后便回归平和。可以通过选择具有季相特征的植物来增强“色彩爆发”的效果。为了达到这个目的，可以选择春季开黄色和蓝色花的植物，初夏开深蓝色、白色和粉红色花的植物，夏末开大红色、暗红色、紫色和深黄色花的植物。秋天适合选用棕色和紫色叶/花的植物。深绿色和棕色的叶子、红色的浆果则更适合冬季观赏。

■ **小贴士：**建议对一年中不同时间植物所呈现出的特征进行研究。苗圃、草本植物园、植物园、科普教育和展示花园中的许多植物都有名牌。仔细观察“常见”和“不常见”的类型，分析每种类型植物所呈现出的特征及其感官品质，逐渐形成对植物的认知与判断力，这有助于个人形成独立的设计思想和方法。

在规划季相景观时，需要考虑一个重要问题，许多花色艳丽的植物并不适合作为花园的结构骨架。例如，丁香是一种开花很漂亮的植物，但其叶子和枝条的结构并不突出。一个比较有视觉冲击力的结构能够调节那些叶子和枝条结构不明显的植物的视觉效果。以丁香为例，在其前方种植一排低矮、紧凑、整形修剪后的绿篱，或将丁香作为其他植物的背景，这些植物就会在丁香不开花的时候起到调节的效果。与丁香相类似的植物还有杂交香水月季，它的花也很好看，但其叶子和枝条的景观效果一般，尤其是修剪之后。玫瑰园的布局通常是在展现花朵美的同时，通过引入框架，在视觉上弱化裸露的茎和叶，这里的框架通常是常绿、低矮、修剪过的绿篱（图4-23）。开花时，不同颜色的玫瑰花在绿篱的衬托下显得更加鲜亮。此外，在玫瑰花坛中种植草本植物也能起到相应的效果。不过，这些植物必须作为衬托出现，不能在视觉上抢了玫瑰花的风头。

季相效果和景观结构

许多植株低矮、开花醒目的植物（如樱花），花期都很短，可考虑将其应用到小花园或中庭庭院等空间有限或较为封闭的花园空间之中。将它们与其他不同高度的乔灌木进行搭配，它们会在不同时间、不同地点带来“色彩爆发”的效果。另一种展现植物季相变化特征的方式就是将一些开花的植物以行列式、林荫道或网格状的形式进行种植（图4-24）。

种植草本地被主要是为了形成强烈的色彩效果。一年生、不耐寒的夏季花卉每年都得重新购置和栽种。种植草本地被的准备工作、植物栽种和管理维护（持续提供水和养分）都是劳动密集和成本密集的

草本地被景观

● **重要提示：**在规划过程中，应注意确保因季节性效果而选择的植物，在一年中的其他时间也能为开放空间的设计做出贡献。

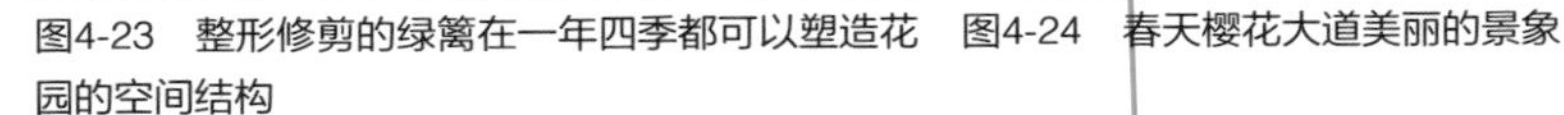

图4-23　整形修剪的绿篱在一年四季都可以塑造花园的空间结构

图4-24　春天樱花大道美丽的景象

工作，这种种植方式适合应用于精心挑选的、有气势的、人们常去的地方，如宏伟建筑前、公共空间、步行区、历史花园和公园、市民公园和专类花园（图4-25）。此外，一年生植物还经常应用于村庄、农场花园，或作为观赏性盆栽或花钵种植。如果草本地被植物设计和养护得当的话，能够为城市环境美化做出积极贡献。

草本地被植物在春、夏、秋三季呈现出多样的景观效果。在景观中，对草本地被植物进行精心设计，保证其与周边环境的协调关系，会形成很好的效果。可以根据自然状态下植物的颜色和组合方式（如森林或石楠灌丛）选择所需的草本地被植物，以达到上述良好的景观效果。夏末时节，花园和公园的景观相对较为平和，可以通过种植一些在这个时期开花的一年生植物，来丰富花园和公园的景观趣味性。

秋季

在冬天到来之前，乔灌木的叶子会呈现出秋天的颜色。为了营造良好的视觉效果，具有季节性色彩变化的植物可以与常绿植物、针叶植物，或落叶期较晚的植物相结合，这样一来，冷绿色的背景会衬托出秋色叶植物的暖色调。黄色、橙色、红色、深红色这些暖色调出现在乔灌木的枝头，飘落在草坪和小路上，在花园或公园中形成了近乎印象派的效果。在条件允许的情况下，可在单株乔木和孤植的木本植物下方种植草本植物，能在短时间内形成大面积色彩丰富的景观。在秋末冬初，浆果植物没有什么观赏效果，除非它们后面有常绿植物作

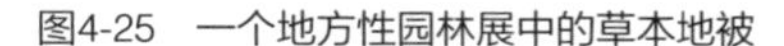

图4-25　一个地方性园林展中的草本地被

图4-26　霜突出了植物的轮廓

为背景，为了达到必要的视觉效果，应在浆果植物的后方大量种植落叶期较晚，或常绿的植物品种。在像花园这样的小空间中，单株植物就可以达到上述的效果。

冬季

在冬季，植物的轮廓主要由霜和雪来强调，特别是草、蕨类植物和草本植物等呈细长形的植物（图4-26）。因此，这些植物应该等到冬季结束再去修剪。总而言之，与其他三个季节相比，冬季在视觉上有观赏性的植物较少。一些枝条具有色彩的植物品种在常绿植物和彩色浆果植物的基础上，对花园冬季的景观进行了有效补充，因为浆果不可能保持到整个冬季结束。例如，红瑞木那引人注目的红色树枝在冬季能呈现出与众不同的景观效果。结合白色树干的白桦树和常绿木本植物，有助于增强观干植物的景观效果。当建筑窗框的颜色和植物小枝同色时，这些小枝也会非常引人注意。在某种程度上，乔木的枝条和一些灌木在冬季营造出了有趣的视觉效果（图4-27）。在选择植物时，应确保这些植物从任何角度看去，其背景都是天空，或者是一些比较简单的背景，如墙面或建筑立面，从而形成良好的画面效果（详见“4.1　植物：外观”）。另一种视觉效果来自于在天空的映衬下，网格状种植的大型乔木之间相互交错的枝干。在规划设计时，人们常常会忽视植物冬季的景观效果。

图4-27　修剪后的树木在冬季呈现出的有趣景观

图4-28　在路旁栽植乔木幼苗，能够展现乔木的生长过程

规模和生命周期

植物的外观在其整个生命周期中都在不断变化。它们的生长速度以及因此而产生的形态变化都与它们属于下列哪一类植物有关：

— 乔木
— 灌木
— 宿根植物
— 球根植物
— 一年生和二年生的植物（夏季开花）

乔木

乔木的寿命很长，生长相对缓慢（图4-28）。四季更替，年复一年，它们的生长从未停止。在花园和景观中，它们是最重要、最“持久”的元素，不仅衔接了空间，还让时间显得具体。乔木连接了城市与周边景观，并将城市中的环境和建筑联系了起来。在植物设计过程中，特别是在城市开放空间中，必须考虑其生长较为缓慢的特征。乔木下方种植的草本植物、灌木和草坪会与乔木的根部一同争夺水和营养，其下方生长的植物可能会因乔木过于遮阴而长势不佳甚至死亡。

灌木

灌木也会随着时间的推移慢慢长大，但不会达到和乔木一样的寿命和大小。它们的作用是在地表形成框架和边界（详见“3.3　边界”）。灌木在乔木和地被之间建立了一种视觉联系，一个只有乔木、草本植物和草坪的公园会显得非常开放，没有空间深度，灌木则在公园、花园以及开放空间中形成了一个视觉过渡。

宿根植物是多年生植物，与乔木和灌木不同的是，其地上部分在秋季后会枯死。来年春天再从地下的储藏器官中重新萌芽。宿根植物的高度从矮如地毯到2m以上不等，其季节性的变化极为丰富，极大地活跃了花园或开放空间的气氛。

宿根植物

球根植物，即有球茎、块茎、块根等地下储存器官的植物，其一年中大部分的时间都是埋在土壤中不可见的。在一年之初，太阳照射到大地上，乔木和灌木的叶子还没有发芽的时候，许多球根植物就已经开始生长了。在自然状态下，它们生长在森林里或林地的边缘。它们的叶子寿命很短，开花后就会枯萎。叶子的脱落对植物的健康和维系其开花的能力都至关重要。为了不让枯叶过于明显，最好种在成片的植物中，而不是点缀在草坪中。它们大部分的寿命还是比较长的，并且在视觉上和生态上都不会与其他植物形成竞争。花期较晚的球茎植物（如郁金香）来自干旱地区，原生环境中植被稀疏，因此几乎不存在竞争关系，也正是这个原因，使它们很难与草本植物和灌木很好地结合。适合种植在草坪上的球根植物有番红花和水仙花，它们的叶子变黄后应尽快摘除叶片。

球根植物

一年生植物只持续一个生长季节。它们通常用于临时展示。在没有竞争关系的情况下，它们可以与宿根植物进行搭配种植。

一年生和二年生的植物

二年生植物持续两个生长季节。它们通常在第二年开花，并在枯萎前产生大量的种子。

4.3　设计原则

为了形成一个好的种植设计，植物的外观，如大小、形状、颜色和纹理，必须结合起来考虑，形成内部和谐。这就需要一个统一的理念，一个主题。主题构成了设计的内容，空间、植物和材料赋予了设计的形状。了解普遍适用的设计原则，如对比与均衡、重复、节奏和秩序等，使我们的想法得以清晰表达，且不同于许多园艺书籍中的示例性植物组合。

对比是植物设计中最重要的原则之一。它通过创造张力和亮点来引起观众的兴趣。有了对比，差异变得更加明显。当至少有两个相反

对比

的效果同时出现时，对比就会产生，例如在缀花草地上一条修建工整的路径。在自然景观中，可以找到很多这样的实例。春天，在山毛榉林下生长的银莲花（*Anemone nemorosa*）非常醒目，与山毛榉宽大的、光秃秃的树干形成了对比。

■ 有意地将某种植物与与其形状、大小、颜色等对比强烈的植物结合在一起，是强调这一植物特征的重要手段。强烈的对比，例如颜色对比，可以被观察者迅速察觉。细微的对比，比如纹理对比，则需要观察者花较长的时间和更多的注意力才能察觉。若人们在每转一个弯之后都能看到一种与原有排列方式不同的新的景象，这种对比就会给人带来惊喜。

对比也需要均衡。一个平和的背景，如建筑物的墙面或冷中性的植物颜色（绿色、灰色），或者是以渐变过渡的方式呈现的高度和色彩分级的变化，都有助于突显对比物。在花园和景观中，小体量、色彩柔和的植物的种植规模，应该比大体量、颜色鲜艳的植物的种植规模要多得多。过多的强烈对比会产生视觉疲劳，而过多的相似性和缺乏明确性会显得无趣。在植物设计中适合对比的内容包括：

— 生长形式对比
— 肌理对比
— 色彩对比
— 明暗对比
— 图底关系对比
— 虚实对比
— 光影对比
— 正负对比（凹/凸）
— “阴”“阳”对比

■ **小贴士：**在自然界中，有许多关于植物组合的例子，这些实例可以作为激发灵感的雏形，例如白桦林和蕨类植物。在散步、漫步和远足时，不断观察和分析自然景观，有助于培养植物设计的灵感。

水平–下垂对比

下垂生长

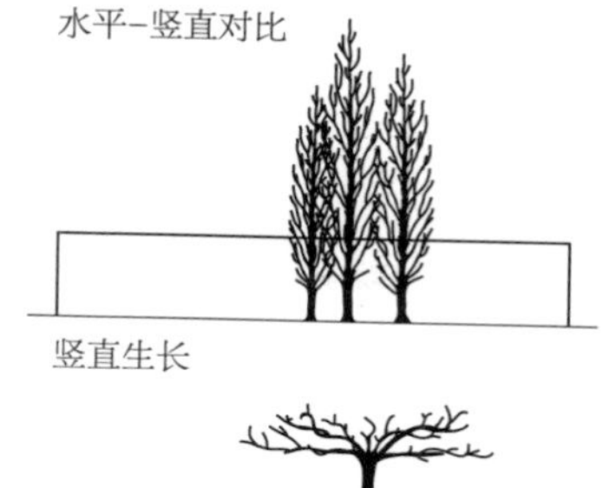

图4-29　生长形式对比

生长形式对比

生长形式的对比增强了植物静态和动态的效果。相较于单独展示植物，引入一种与植物特征形成对比的元素，能够更好地突显植物的生长形式与其自身的特殊性（图4-29）。只有在两个元素大小相同的情况下，才会出现上述对比效果（详见“3.6　比例”）。合适的生长形式的对比包括：

— 垂直的和圆的/无方向的
— 水平的和松散的
— 悬垂的和倾斜的
— 松散的和密实的/圆的
— 松散的和有序的
— 线性的和无方向的/圆的
— 线性的和平面的
— 几何形的和艺术造型的

球形没有特定的方向，并且具有静态的效果，因此可以结合具有非恒定方向的、流动的形状与其形成对比。弯曲的种植带或蜿蜒路径两侧的球形植物都可以实现这一效果。在自然景观中，这种对比则体现在蜿蜒的河流与置身其中的河砾石。线性的叶片（如草或鸢尾）可与宽阔、圆形、扁平的叶片（玉簪、睡莲）形成对比。水平方向的植物、有水平分枝和宽大伞形树冠的植物（美国梓树）或修剪过的绿篱，给起伏的场地和垂直的形体（柱状木本植物、建筑物）提供了横

图4-30　生长形式对比

图4-31　肌理对比

向的对比对象。低矮平铺的草本植物与垂直的树干形成了一种简单有力的对比（图4-30）。竖直线条的物体看起来比相同距离下水平线条的物体更近，因此，即便是从远处看，景观中的立柱式形态也十分醒目。在有起伏的场地上，竖直形态显得更加稳固，使用非恒定方向的植物（如倾斜的或悬垂的植物）来打破这一点可带来动态的效果。例如，具有紧凑、连续轮廓的树木和具有图形、线性效果的树木，可以设计中并置（详见“4.1　植物：外观”）。

肌理对比

肌理对比为种植规划赋予了创造性的力量，这一特征在单一色彩的静态植物中尤为明显。在不同层次的绿色植物的种植规划中，观察者更多会被对比鲜明的树叶和植物的构成所吸引（图4-31）。白色花、叶缘白边或斑色叶有助于增强纹理对比的效果，因为它们不会在丰富的色彩中黯然失色。植物的肌理对比可以是：

— 松散的和密集的
— 精细的和粗糙的
— 有光泽的和无光泽的
— 柔软的和坚硬的
— 毛毡质地的和光滑的
— 粗糙的和光滑的
— 纤细的和粗壮的
— 透明的和革质的
— 纤细的和宽阔的

— 线性的和无方向性的

纹理粗糙的植物给人以力量和稳定的感觉，而纹理精细的植物则散发出平静和低调的气息。从相同的距离观察，纹理粗糙的植物似乎比同样大小纹理精细的植物更接近观察者（详见：“4.1　植物：外观”）。

色彩对比

色彩对比使植物看起来更加鲜活，增强了植物的色彩效果。

最重要的色彩对比效果有：

— 明暗对比
— 冷暖对比
— 互补对比（色轮中相对位置上的颜色）
— 质感对比（色彩明暗的对比配以肌理有无光泽的对比）
— 数量对比（不同大小的彩色面积）

最强烈的色彩对比是通过两三种互补色（色轮上相对的颜色）的混合搭配来实现的（详见“4.1　植物：外观”）。花的颜色应相互协调，并与周围叶片的颜色（基色）相协调。叶片也有多种多样的颜色，一方面，植物叶片在夏季和秋季的颜色不尽相同；另一方面，叶片的颜色还与植物的种类有关（可以是黄绿色、绿色、蓝绿色、红褐色等）。

●

银灰色作为绿色的替代色，能够与光谱色轮中大部分颜色很好地结合。与银灰色相搭时，红黄蓝三色可被更好地强调，粉红色、粉蓝色等柔和淡色可充分显现色彩，大地色则会显得平和、安静。银灰色叶片的植物通常用于小规模展示，例如与小型的柳树品种或薰衣草搭配种植。白色可以毫无顾虑地与任意颜色搭配，有助于提升其他颜色的亮度。同理，各种颜色都可以与白色组合。白色花具有活跃、清新、精致

● **重要提示：**“少即是多”的原则也适用于植物的色彩设计。“减少”有利于阐述设计理念，增强理念的表达效果。在选择植物时，最简单的方式是选择同一植物品种的变种。例如，鸢尾植株形态优美，花朵美丽，叶子呈简单的剑形，有多个颜色的变种可供选用。

图4-32 明暗对比

的特点，不过它们与花园中其他颜色的植物组合使用效果更好。白花植物种在深色的针叶树前或遮阴处会与背景形成鲜明的明暗对比，其效果类似于深色背景下白桦树的白色树干（图4-32）。

所用色调在种类、数量和分布上应保持均衡。低亮度植物只有在数量上远远压过高亮度植物时才能突显出来。在歌德图谱（Goethe's schema）中，“光值”被用于表示颜色的亮度：

黄色=9

橙色=8

红色=6

绿色=6

蓝色=4

紫色=3

光值可以用来估量颜色成分的数量：黄色和紫色（9/3）=3：1，这意味着黄色的光值是紫色的三倍，因此每当有一份黄色时，应配以三份紫色才能形成均衡。同理的还有蓝色和红色（4/6）=2：3。在进行种植区设计时，观察者观赏各个色块的视距范围越大，越要小心控制色块的尺寸。色块太小可能导致远观者看不见，太大又可能给近观者造成过满的观感。

色彩对比可以出现在同一片种植区域中，也可以出现在多个纯色种植区之间。

图4-33　园林景观中的光影

光影对比

树上的光斑和地上的影子都很吸引人。不同的光照强度会产生不同的明暗变化。由于叶片、树皮和土壤的色调以及叶片和枝干的结构性质各不相同，不同植物的阴影模式也各有特色：被光穿透、浅色、深色、充足、明亮、柔和、多彩、对比鲜明、散射。在树下，地上的影子不断发生变化。影子的形状告诉了我们一天中不同的时间。中午时分，阳光明媚耀眼，影子很短，而到了下午或傍晚时分，光线柔和，呈黄色，影子也越来越长，增强了开放空间的立体感。如果直视太阳光线，人们会睁不开眼睛，但在树荫下，我们可以悠闲地欣赏风景。随着季节的变化，我们时而寻求阳光，时而寻求阴凉。在冬天，我们喜欢阳光带来的温暖，而在夏天，我们喜欢在树荫的遮蔽下乘凉。因而，了解光影在开放空间中的影响和意义并在设计中应用是很重要的。

光影的组合给植物赋予了艺术感。一方面，光线会使植物产生阴影，间距松散的树群一侧被太阳照亮，另一侧处于阴影之中，形成了迷人的景象。另一方面，连续的树林或树丛边界会显得十分沉闷，可创造缺口或在其前方种植观赏性植物，有助于形成多样的光影界面，为观赏者提供丰富的观赏体验（图4-33）。

节奏

为了使花园、公园或展览空间更加整体且具有结构性，应重复种植相同或类似的植物或植物群。简单的重复并不能形成节奏，只能让某些特定的区域产生联系。节奏以及基于节奏的、整体性强的总布局，主要通过按照某一特定规律进行植物元素的重复来实现，由此让近处和远处的区域在视觉上形成连接。在花园或公园里，通过不同特征的节奏性元素将各个区域结合起来，能够使整体布局统一。如果某种植物在开放空间中被大量应用，这种植物就会成为该开放空间中的主题之一，比如栗树大道或玫瑰园。

主题植物

在一群重点突出、种类繁多的植物中，我们的眼睛无法定位，视线倾向于略过它们，由此形成的景观是不稳定的、不和谐的、无趣的，对观赏者来说没有任何吸引力。我们的眼睛更容易感知到几个相似或相同的元素，因为它们易于被识别和形成体系。重复种植一些主题植物或植物群，可以创造出视觉上的稳定性，并使景观更具有识别度。人们的关注点总是会回到这些重复的植物或植物群上。

主题植物给了景观规划一个出发点，形成最初的骨架。它们若安排得当，可让景观实现内部统一。应根据植物分类对不同植物进行种植、分组和重复。大型乔木是木本植物中特征最明显的，能够作为一个持久的骨架，与场地中其他的元素和景观形成联系。例如，大型乔木可以种植在建筑附近（尤其是花园里的建筑），也可以种植在场地的转角或边缘处。大型乔木的大小应与建筑和场地的尺度相协调（详见“3.6　比例”）。小型乔木、大型灌木和单株的木本植物与大乔木一样，都是框架性植物。它们能够强调大小关系，将花园中的建筑与其他空间连接起来，并形成从乔木向灌木丛的过渡。例如，它们可以种植在花园的入口，花园中主要建筑或附属建筑的转角处，或是花园的边界上。灌木和绿篱是花园中次一级的结构性植物，主要作用是分隔花园空间或塑造花园的边界。它们与木本主题植物相结合，丰富花园的特色。最后，小灌木和矮生木本植物可填补景观中其余属于木本植物的部分（表4-3）。

草本植物的自然扩张可以创造出大片草本植物区。其中主题草本植物也被称为核心草本植物或框架草本植物，它们在一年的整个生长周期内都很吸引人，而且寿命很长。主题草本植物多选用形态或颜色合适的株型较大的植物，其他的草本植物有节奏地配合着主题草本植物种植。因其他类草本植物数量较多，所以，应保证所选的其他草本植物外观相对低调、和谐。填充型草本植物可以成片种植，或作为地面覆盖种植。不同种类草本植物之间的过渡一般较为顺畅。

表4-3　木本植物分类

框架性—主	大型乔木	主要的木本植物；持久的框架性植物；需要足够的生长空间；孤植或群植
框架性—次	小型乔木、大型灌木和单株的木本植物	框架性的木本植物；比相邻种植的植物要大；寿命长；孤植或少量群植；大量应用于小型花园中；决定着灌木的选择
结构性	灌木和绿篱	伴生的木本植物；最大规模的灌木和绿篱也明显小于主要的木本植物；适当的灌木可以形成框架，也可以与草本和花卉组合种植；孤植或灌丛种植
其余部分	小灌木和矮生木本植物	补充性的木本植物；最大规模的小灌木和矮生木本植物也比乔木和绿篱小；在高分枝点木本植物下方种植地被时，可塑造草本植物的种植骨架

根据花园的主题，同一种植物可以占据不同的位置。例如，鸢尾可能是一个主题中的主题植物，而在另一个主题中做伴生植物（表4-4）。 ■

表4-4　草本植物分类

框架性	单株草本植物	效果突出；只需要几株草本植物即可
	主题草本植物	框架草本植物；比周边的草本植物的体量大；寿命长；大量出现
结构性	伴生草本植物	衬托主题草本植物；最大规模的伴生草本植物仍应比主题草本植物要小；寿命长
其余部分	填充草本植物	比伴生草本植物和主题草本植物都小；它们的生长不会影响到伴生草本植物和主题草本植物

高度层次

在种植草本植物时，可以根据不同种草本植物的高度划分出高、中、低三层结构层次。草本植物的节奏不应该是模式化的，因为这样会失去趣味性和活力。主题植物之间的距离以及单株植物的数量应多样化，不同位置的各层植物的种植面积也应有差异。 ■

■ **小贴士1**：可以把吸引人的植物组合记在随手携带的小本上并勾画一些草图。长时间对植物的观察、记录和勾画，有助于增强对植物的认知，建立自己的植物素材库，用于今后的设计参考。

■ **小贴士2**：理查德·汉森（Richard Hansen）和弗里德里希·斯塔尔（Friedrich Stahl）的《多年生植物及其花园生境》（*Perennials and Their Garden Habitats*）一书，是关于草本植物应用的标准参考书（见参考文献）。此书能够辅助设计师根据相应的种植区和栖息地进行植物选择，计算每平方米所需的植物数量，分析植物间距和植物的种间关系。

图4-34　灌木的高度分层和有节奏的种植

图4-35　自然状态下乔灌木的高度分层

较矮的植物可以种植在花坛中或花境中更靠前的位置，中等高度或较高的植物可以种在靠前的位置，同时通过倾斜等手法创造一种它们在向前逼近或向后退让的动感（图4-34）。如果让低矮的植物种植在花坛前区，中等高度植物种植在中间，再往后是较高的植物（或者将较高的植物种在能让观察者全方位观察的花坛中央），这样的种植所形成的效果会比较单调，缺乏生气。另一种组合方式是双层结构，比如将较高的植物单独或以小组团的形式与低矮的植物搭配在一起。

木本植物种植区以及木本植物和草本植物的组合种植区也应根据既定的级别体系来确定层次关系（图4-35、图4-36）。

重复和强调

最简单的重复方式是将相同的元素按固定的间隔种植，这种方式能够形成一个高度清晰且连贯的整体。例如，乔木可以种植成单排、双排或矩阵（图4-37）。利用这种方式形成的效果较为严肃、正式，这种有规律的排布形式可以根据需要进行扩展。

“重复”的手法可以对某一植物进行强调，突出它的重要性。重复的元素可以是植物之间的间距（比如在一个网格图案中），植物的颜色或肌理（图4-38）。通过花朵颜色、大小和肌理的渐变，可以强化植物主题，达到更有表现力的整体效果，这需要用到同一植物的不同品种或特定的伴生植物。重要的是：所选的植物种类不宜过多，尤

图4-36　玫瑰花园种植中的三级高度分层

图4-37　林荫大道让空间具有建筑感

图4-38　像格子一样排列的紫杉篱

图4-39　孤植树强化了地形效果

其是主题草本植物。因为所有好的植物设计都应该简洁、清晰。

另一种强调的方式是利用植物来强调现有的建筑或地形特征。例如，一个形态规则的植物可与建筑物形成呼应关系，群树可强调山丘，林荫道种植可强调道路（图4-39）。

对称与不对称

将单株植物、整形修剪的植物或种植区沿一条轴线进行镜像复制，可呈现出对称的效果。道路可作为此对称轴。镜像复制的对象可以是凉亭、廊架、种植棚和具有重复形式和特征的树木（例如，林荫

图4-40　对称

图4-41　不对称

道和整形修剪的木本植物）等。对植树通常可用于指示空间的边界、沿途的功能区变化，或与道路相关的构筑物（如入口大门、桥或台阶）。对称布局可以整体进行多次重复（作为装饰手法）（图4-40）。巴洛克式花园中的花坛和视线是利用对称进行规划的典型实例。在这样的布局中，装饰区的图案被整形修剪过的绿篱包围着，强化了其对称的效果。对称空间也可以利用整形修剪的绿篱进行围合，绿篱后可种植自由生长的乔灌木。考虑到观察者经过花园或公园时的感知方式，可以通过不断出现在视野中的整形植物来营造一时的对称效果——即让某些植物体块在某一瞬间看起来与对面的另一个植物体块一样大。完全对称的设计则有诸多限制，这种设计方式可以用在正式的、雄伟壮观的景观中，与景观设施或观赏类种植区相结合（如植物花境或花坛种植）（详见“4.2　随时间动态变化的特征”）。

均衡

均衡是各类设计的共同目标，它描述了不同设计元素之间的稳定和谐的状态。一个均衡的设计会让我们感受到和谐——如同对称一样的和谐，但又不像对称那样死板。一个有中心建筑的景观、公园或花园可以同时实现均衡和对称。每一株植物的精确定位创造了对称性，而种植中的微小变化创造了不对称的均衡感（图4-41）。建筑的视觉效果越突出，就越没必要追求植物种植上的对称性。有一种方法是在

图4-42　图景设计

对称轴的两侧，以固定的间隔摆放形态、肌理或颜色引人注目的植物，而中间的布局可以自由点。

图景设计涉及组织不同的视觉元素，这些元素之间的间隔是不固定的（图4-42）。可以采用自由形式、几何形式，也可以使用二者的结合形式。通常情况下，植物的种植搭配比植物本身更重要。植物与植物之间的间距必须相对均衡，让视觉焦点位于画面中心位置。

图景设计

In conclusion

5 结论

园林设计的魅力在于处理生命与静止之间的矛盾，以及植物和空间之间的互动关系。一切具有生命的物质都会受到时间和空间的影响。基于植物的景观设计是一种艺术表现形式，这种形式也许比其他任何形式都更依赖于对时间和空间的深入观察。栽培一个花园是一个持续的过程的开始。园林的设计和创作与园艺活动密不可分，因为只有精心种植栽培才能确保园林设计师设计的方案得以实现。植物的应用也需要一定的园艺知识，这可不是一株植物或一片绿篱这么简单的问题，还有很多其他的可能性，诸如英国风格的草本植物或北欧近年来的种植案例都可以给予我们灵感。在选择材料时，有以下几点适用原则：追求“少”的同时，我们不应该忘记“少”是建立在“多”的基础上的，从这一点出发，有助于我们深入思考后再做出决定。如果在一开始就只有很少的可选项，给人的感受将是贫瘠，而非简洁。随着时间的流逝，花园中的植物设计将愈发彰显其重要性。花园作为一个工作、休闲和娱乐的场所，以及某种程度上的自给自足的一种标志，其与日益机械化、依赖外界提供物质资源的社会形成鲜明反差。相较于降低对植物的需求，我们会更倾向于提高对植物的关注。与此同时，我们对美的感知能力也会得到提升。在我们这个时代，植物设计是非常奢侈的，因为它需要现世最稀有、最昂贵的东西：时间、精力和空间。对植物的应用反映了我们对自然的感知。当我们重新整合才智、知识和工艺时，我们也就创造出了一种可靠的处理环境及其缩影的方式——花园。

Appendix
附录

种植平面图

种植平面图显示出了预期的植物种类、种植位置和数量。如果种植平面图是按比例绘制的，那就可以提前计算好实际所需的植物数量，选择适合的植物搭配方式，这不仅是为了种植效果，也是为了稳妥布局室外空间的比例关系（附图1）。种植规划最初从图纸绘制开始，一步步地阐释种植理念的发展。在总平面图中，乔木应该用树干和树冠来表示，这样就可以看出它们对空间设计和平面设计都有影响。树冠表示树的体量，树干则标志着树的位置。植物根系的生长范围大致与树冠相同，因此，不能在紧邻建筑结构（建筑物、地下管道、道路）的地方种大乔木（附图2）。种植平面图为施工负责人和其他相关人员提供了他们需要的信息。植物的种类和种植位置可以从量化层面和设计层面两个角度进行评估，植物种植和草皮覆盖区、必要的坐标定位点、土壤改良措施等，都可以通过计算得出，由此可以估算景观种植工作量并着手准备种植工作。

■ **小贴士：**乔木和草本植物名录中有关于其生长形式和每平方米种植株数的信息（见附表）。

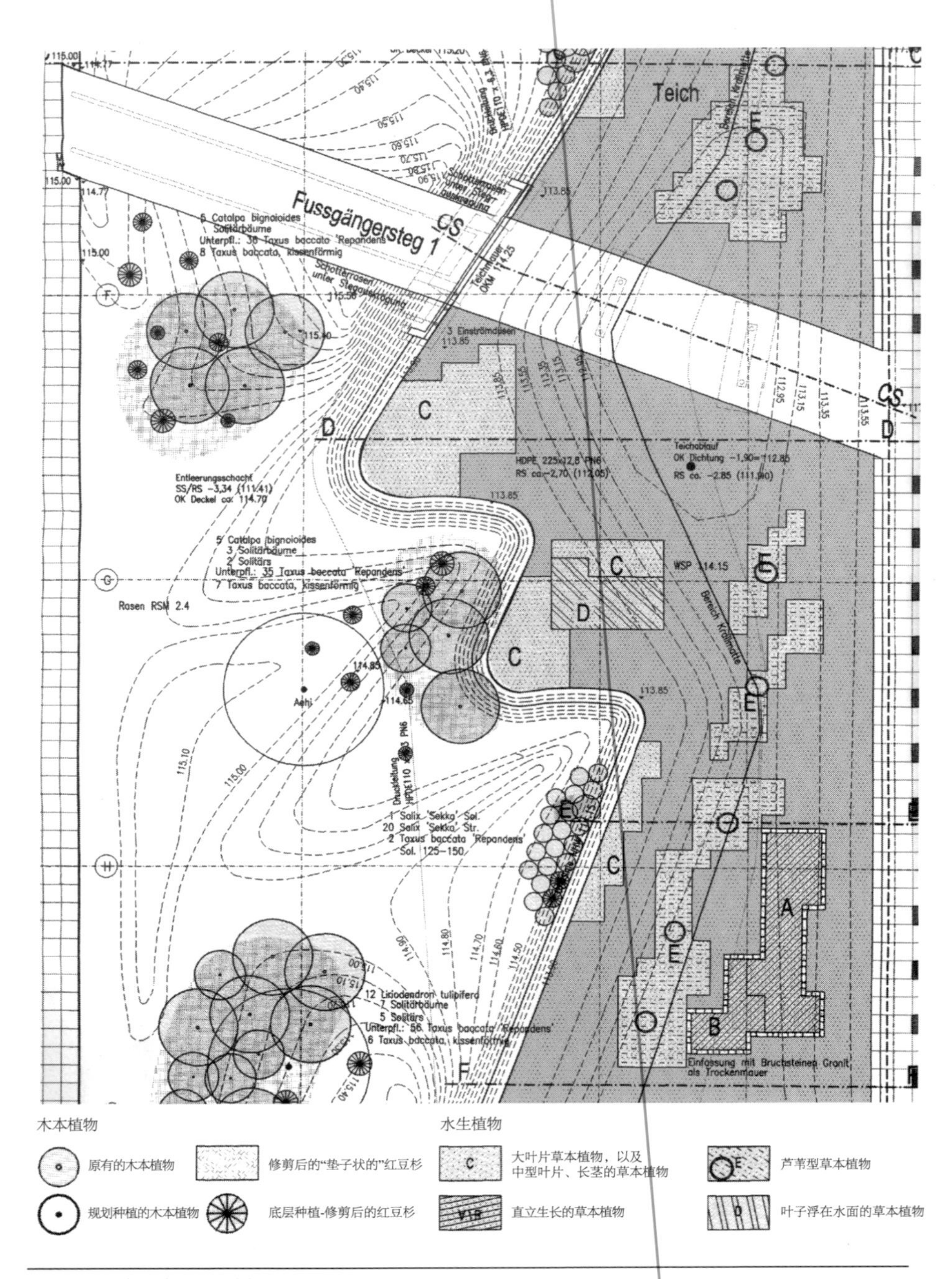

附图1　种植设计平面示例

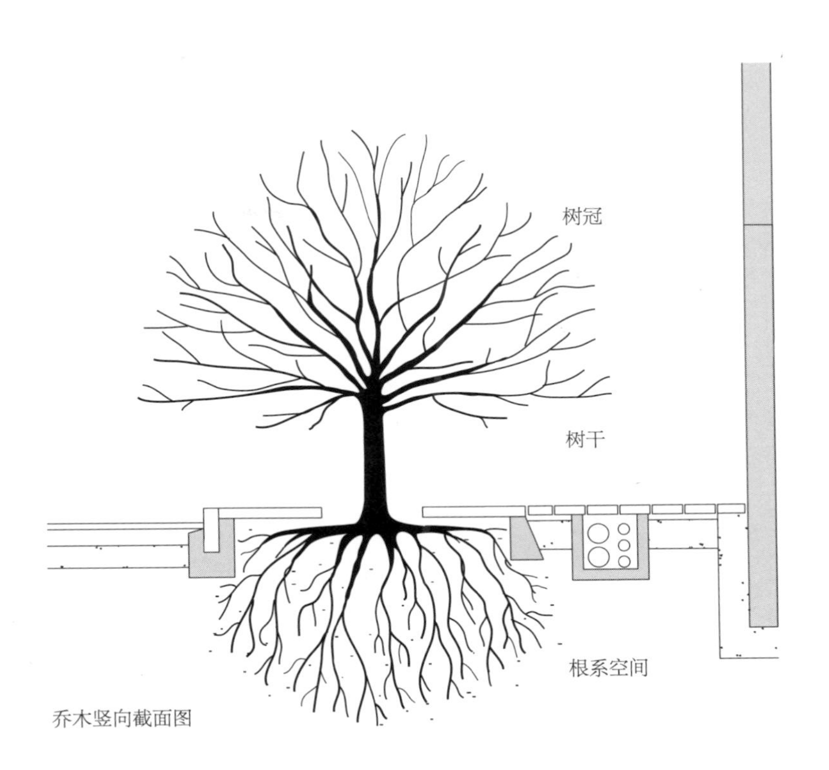

乔木竖向截面图

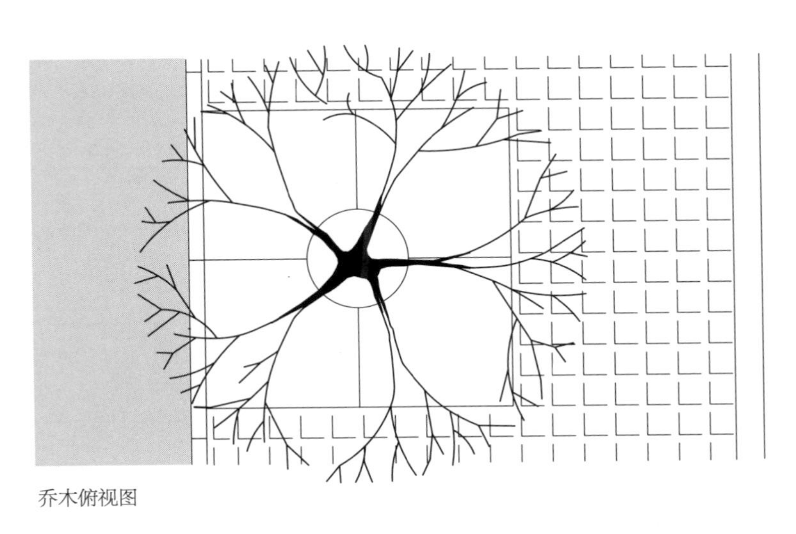

乔木俯视图

附图2　在种植规划时必须考虑植物的整体结构

附表　植物类型及生长特征

拉丁名	英文名	中文名	株高 / m	冠幅 / m	特征 / 树冠形态	特点
应用于花园和城市空间的小型乔木						
Acer campestre ‘*Elsrijk*’	Field maple	“埃尔斯里克”栓皮槭	8~12	4~6	紧凑型，圆锥形	有美丽的秋色叶（黄色），能够适应城市气候
Acer platanoides ‘*Globosum*’	Norway maple	球形挪威槭	4~6	3~5	紧凑型、球形，树冠形态会随着树龄的增长呈现出不同的比例	秋色叶（黄色），能够适应城市气候
Amelanchier lamarckii	Juneberry	拉马克唐棣	5~8	3~5	灌木状，生长范围广，漏斗形 / 倒钟形	总状花序，白色，花期四月底，有美丽的秋色叶（从黄色到火焰红色）
Carpinus betulus ‘*Fastigiata*’	European hornbeam	桦叶鹅耳枥	10~12	5~8	圆柱形，直立的	在未经修剪的情况下树冠也很窄，随着树龄的增长逐渐紧凑
Catalpa bignonioides ‘*Nana*’	Indian bean tree	矮生美国梓树	4~6	3~5	紧凑球形	叶片美丽宽大，生长缓慢，不开花
Pyrus calleryana ‘*Chanticleer*’	Callery pear	公鸡豆梨	7~12	4~5	规则球形	能够适应城市气候，非常耐高温，白色花，有美丽的秋色叶（绯红色）
Sorbus aria	Whitebeam	白面子树	6~12	4~8	在主干基部发出多个枝干的大灌木，或阔卵圆形小乔木	在九月之后会有橙红色的果实
Tilia europaea ‘*Pallida*’	Common lime	“帕利达”欧洲椴			箱形	整形修剪后形态优美
应用于城镇空间和公园的中型到大型乔木						
Acer platanoides	Norway maple	挪威槭	20~30	10~15	大乔木，圆形树冠	能够适应城市气候，生长速度快
Acer pseudoplatanus	Sycamore maple	桐叶槭	20~30	12~15	树冠呈宽大的圆形	生长迅速，秋色叶呈金黄色

（续）

拉丁名	英文名	中文名	株高 / m	冠幅 / m	特征 / 树冠形态	特点
Aesculus× carnea ‘*Briotii*’	Red horse-chestnut	红花七叶树	8~15	6~10	树冠圆形，生长紧凑，新枝直立向上	生长缓慢，圆锥花序呈艳丽的红色，几乎不结果
Aesculus hippocastanum	Horse-chestnut	欧洲七叶树	20~25	12~15	树形椭圆形、树冠圆形且浓密，有较好的遮阳效果	开白花，有很多果实，有美丽的秋色叶
Ailanthus altissima	Tree-of-heaven	臭椿	18~25	8~15	宽椭圆形树冠	生长迅速，要求不高，能够适应城市气候
Betula pendula	Silver birch	垂枝桦	12~25	6~8	细卵圆形，有松散的悬垂树枝	花絮黄绿色，树皮白棕色，秋色叶
Catalpa bignonioides	Indian bean tree	美国梓树	8~12	5~8	伞形圆顶	宽大的心形叶，有 15~30cm 长的圆锥花序
Corylus colurna	Turkish hazel	土耳其榛树	12~15	6~8	树冠圆锥形，主枝上生侧枝	能够适应城市气候，树木健壮，要求不高
Fagus sylvatica	Copper beech	欧洲山毛榉	25~35	15~20	椭圆形树冠	树干银灰色，秋色叶从黄色到橙色
Fraxinus excelsior	European ash	欧洲白蜡木	25~35	15~20	树冠卵圆形，树冠形态会随着树龄的增长而愈发宽阔，树形较为松散，阳光可穿过	美丽的羽状叶片，有罕见的秋色叶
Platanus acerifolia	Hybrid plane	二球悬铃木	25~35	15~25	大乔木，树冠宽圆锥形，树冠形态会随着树龄的增长而愈发宽阔	生长旺盛，耐修剪，能够适应城市气候
Populus nigra var. *italica*	Black（Lombardy）poplar	钻天杨	25~30	2~5	大乔木，圆柱形树冠，枝干笔直	生长旺盛，耐水湿

（续）

拉丁名	英文名	中文名	株高 / m	冠幅 / m	特征 / 树冠形态	特点
Prunus avium	Wild cherry	欧洲甜樱桃	15~20	8~12	中等大小的卵圆形树冠	开白花的美丽乔木，秋色叶色彩艳丽（从黄色到橙色）
Quercus robur	Pedunculate（English）oak	英国栎	30~40	15~25	起初是圆锥形树冠，树冠形态会随着树龄的增长而愈发宽阔、疏松，最后呈圆形	能够适应城市气候，抗风
Salix alba ‘*Tristis*’	White willow	金丝柳	15~20	12~15	中等大小的观赏乔木，垂枝形	形态优美，造型艺术，随着树龄的增长，容易受到风的伤害
Tilia cordata	Small-leaved lime	心叶椴	20~30	10~15	高大乔木，起初是圆锥形树冠，随着树龄的增长逐渐呈高圆顶形	能够适应城市气候，耐修剪
Pinus sylvestris	Scots pine	欧洲赤松	15~30	8~10	大乔木，造型艺术且多变，树冠会随着树龄的增长变高，呈伞形	两针一束，叶色绿色、蓝绿色，能够适应城市气候
Thuja occidentalis ‘*Columna*’	White cedar	北美香柏	15~20	2~3	中等高度的柱状树	常绿，能够适应城市气候，耐修剪

图片来源

图2-1、图2-2、图2-12、图3-13、图3-17、图3-20、图3-25、图4-5、图4-7、图4-8、图4-9、图4-12、图4-15、图4-17：景观设计师斯文尼瓦尔·安德森，哥本哈根联合银行。

图4-23、图4-24、图4-27、图4-28、图4-32、图4-33、图4-35、图4-37、图4-38、图4-41、图4-42：伊娃·伊瑞扎肯。

前言配图、图2-3、图2-4、图2-6：凯弗景观设计事务所，柏林萨基兰德。

图2-7：DS 景观设计事务所，蒂拉杜里克斯公园，柏林。

图2-8：柏林斯铎可耐得景观设计事务所，大众汽车玻璃厂，德累斯顿。

图2-10、图2-14：凯纳斯·沃格特，莫得波特万得，柏林。

图3-1、图3-14、图3-15、图3-18、图3-23、图3-24、图4-10、图4-11、图4-25、图4-31、附图1：柏林斯铎可耐得景观设计事务所，大众汽车玻璃厂，德累斯顿，汉斯约格·沃兰。

图2-5、图2-9、图2-11、图2-13、图2-15、图3-2：参考赫伯特·凯勒。

图3-3、图3-4、图3-5、图3-6：参考席勒·比托夫。

图3-7：苏门拉得，汉斯，库里，博恩斯特费尔德，波茨坦。

图3-8、图3-9、图3-10、图3-11、图3-12、图3-16、图3-19：参考君特·马德。

图3-21、图3-22、图3-26、图3-27、图3-28：参考汉斯·席勒·比托夫。

图3-29：参考赫伯特·凯勒。

图4-1、图4-2、图4-3、图4-4、图4-6、图4-13、图4-14、图4-16、图4-18、图4-19、图4-20：参考文献[3]布瑞恩·哈克特。

图4-21、图4-22、图4-26、图4-29、图4-30、图4-34、图4-36、图4-39、图4-40，附图2：雷吉娜·艾伦·沃勒。

作者简介

Regine Ellen Wöhrle和Hans-Jörg Wöhrle是硕士工程师，执业景观设计师，w+p Landschaften景观设计事务所的所有人，在柏林、斯图加特和希尔塔赫从事景观设计工作。

参考文献

[1] Ethne Clarke: Gardening with Foliage, Form and Texture, David & Charles PLC, Devon 2004.

[2] Rick Darke: The American Woodland Garden, Frances Lincoln, London 2000.

[3] Brian Hackett: Planting Design, McGraw-Hill, New York 1979.

[4] Richard Hansen, Friedrich Stahl: Perennials and Their Garden Habitats, Cambridge University Press, Cambridge 1993.

[5] Penelope Hobhouse: Colour in Your Garden, Collins, London 1985.

[6] Penelope Hobhouse: Penelope Hobhouse's Garden Designs, Frances Lincoln, London 2000.

[7] Gertrude Jekyll: Getrude Jekyll's Colour Schemes for the Flower Garden, Frances Lincoln, London 2006.

[8] Noël Kingsbury: Gardens by Design, Timber Press, Portland, OR 2005.

[9] Hans Loidl, Stefan Bernard: Opening Spaces, Birkhäuser Verlag, Basel 2003.

[10] Piet Oudolf, Noël Kingsbury: Designing with Plants, Conran Octopus, London 1999.

[11] Piet Oudolf, Noël Kingsbury: Planting Design: Gardens in Time and Space, Timber Press, Portland, OR 2005.

[12] Marco Valdivia, Patrick Taylor: The Wirtz Gardens, Exhibitions International, Leuven 2004.

[13] James Van Sweden, Wolfgang Oehme: Bold Romantic Gardens: The New World Landscape of Oehme and Van Sweden, HarperCollins Design International, New York 2003.

[14] Rosemary Verey: Rosemary Verey's Making of a Garden, Frances Lincoln, London 2006.

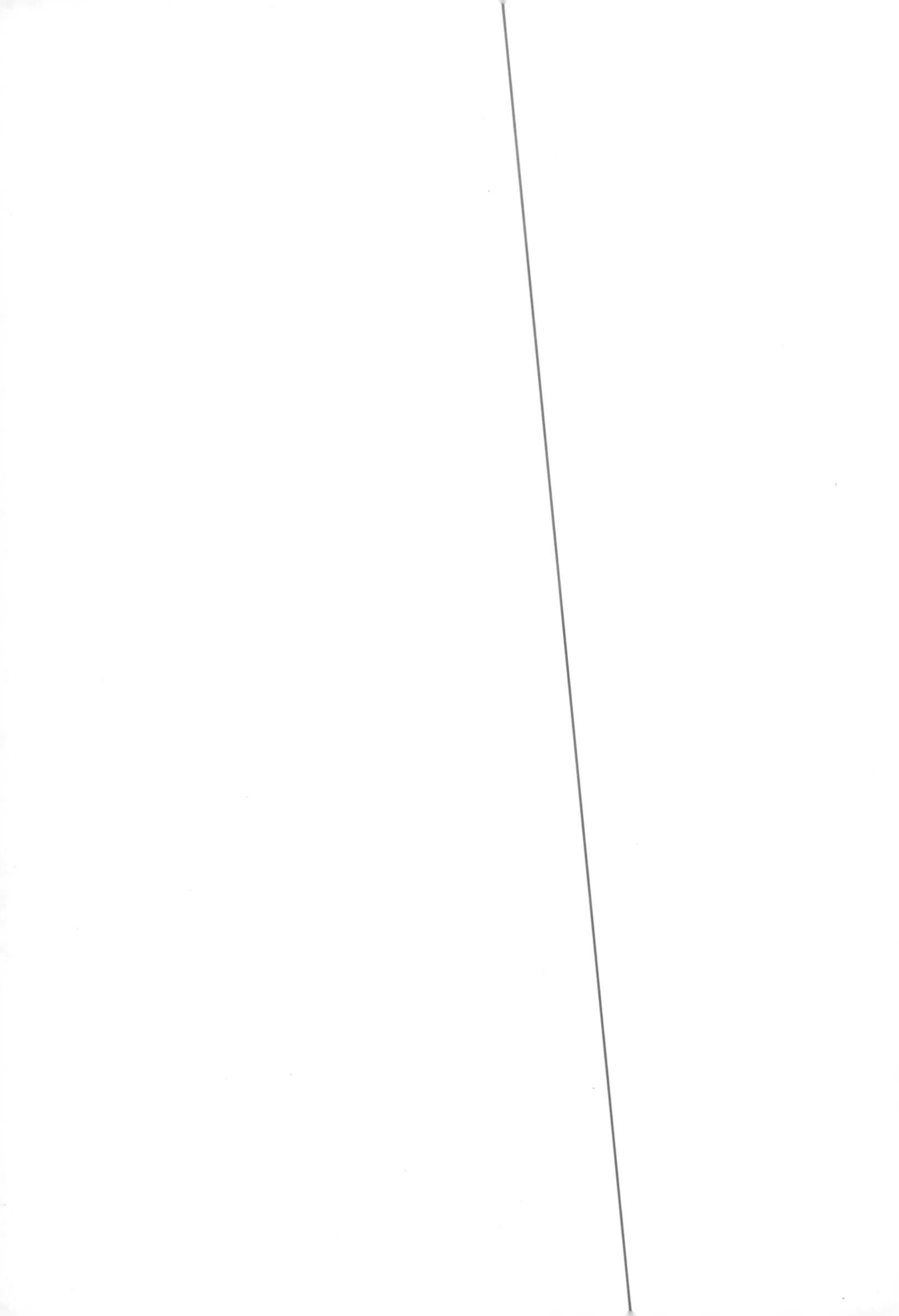

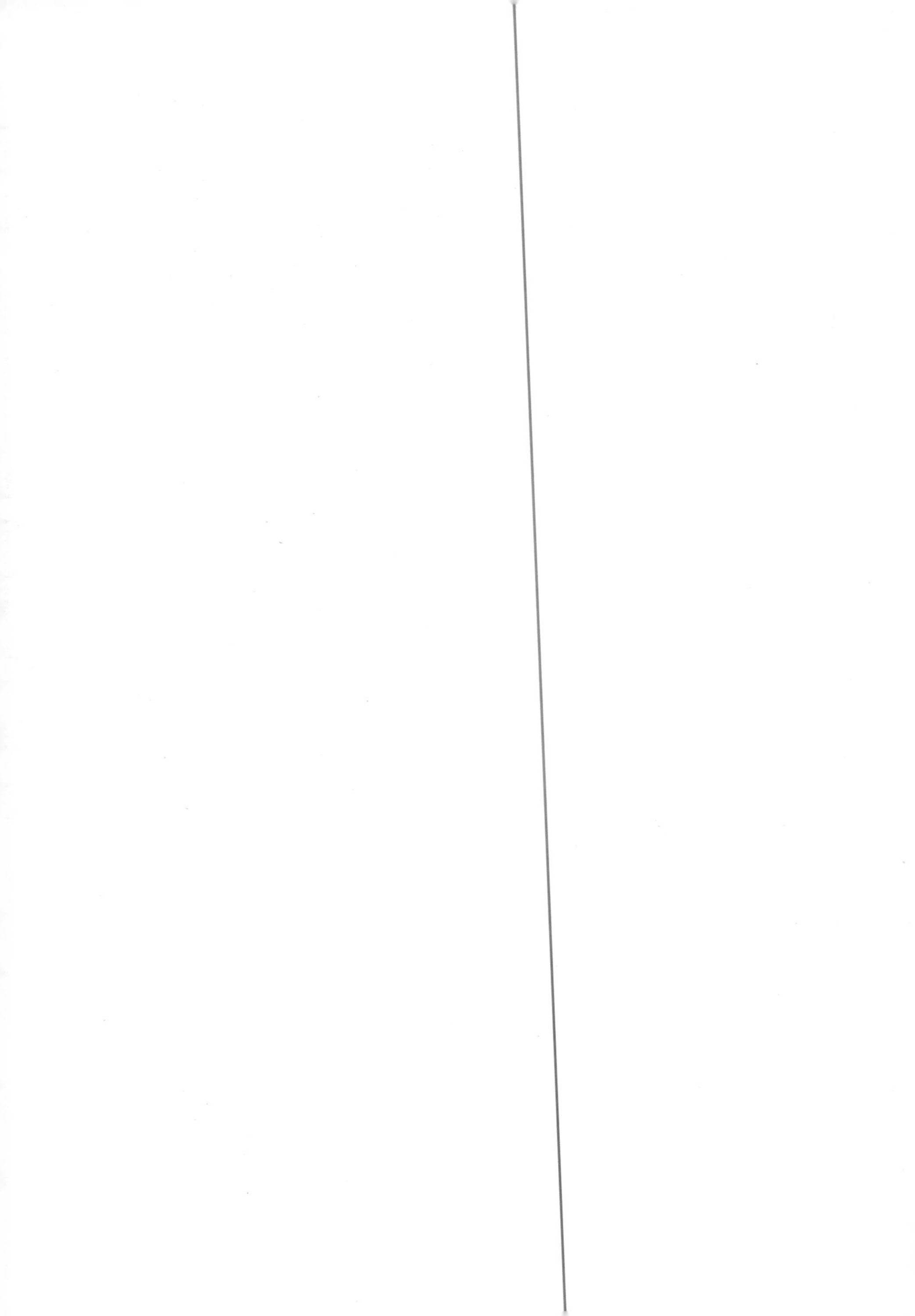